本书受国家软科学研究计划项目"科技入园与基层科技工作创新研究"（项目编号：2012GXS2D022）、
江西省软科学研究计划项目"江西省科技服务业功能提升研究"（项目编号：20161BBA10007）、
南昌大学社会科学学术著作出版基金资助

Study on the Function of Science &
Technology Intermediaries and its Improving Path

科技中介功能及提升路径研究

许水平 尹继东◎著

科学出版社

北京

图书在版编目(CIP)数据

科技中介功能及提升路径研究／许水平，尹继东著.—北京：科学出版社，2016.8
　　ISBN 978-7-03-050457-9

　　Ⅰ.①科… Ⅱ.①许… ②尹… Ⅲ.①科学技术–中介组织–研究–中国　Ⅳ.①G322.2

中国版本图书馆 CIP 数据核字（2016）第261842号

责任编辑：邹　聪　程　凤／责任校对：何艳萍
责任印制：张　伟／封面设计：有道文化
编辑部电话：010-64035853
E-mail:houjunlin@mail.sciencep.com

科 学 出 版 社 出版
北京东黄城根北街 16 号
邮政编码：100717
http://www.sciencep.com
北京厚诚则铭印刷科技有限公司 印刷
科学出版社发行　各地新华书店经销
*
2016 年 8 月第　一　版　开本：720×1000 1/16
2024 年 1 月第三次印刷　印张：12 1/4
字数：220 000
定价：68.00元
（如有印装质量问题，我社负责调换）

前言 PREFACE

科技中介是专门服务于科技成果转化和企业创新的组织。近年来,我国加快实施以科技进步推进发展方式转变的基本战略,要求加快科技成果向生产力的转化。然而,我国当前科技成果的转化率只有20%左右,大大低于发达国家的水平,存在明显的"创新悖论"。从企业创新活动来看,在知识经济时代,传统的封闭式创新模式很难适应快速发展的市场需求和日益激烈的竞争。越来越多的企业开始摒弃创新活动应该在企业内部实现的观念,打破传统的企业边界,积极利用外部资源实施开放式创新。然而,以市场为导向的开放式创新也面临创新活动的不确定性、较高的交易成本及对社会资本的高要求等诸多挑战。科技进步推进发展方式改变的基本战略和企业开放式创新为科技中介机构创造了新的发展机遇,同时也对其有效服务提出了更高的要求。我国科技中介事业起步于20世纪80年代早期,经过30多年的发展,各种形式的科技中介机构大量涌现,行业规模不断壮大,行业体系初步形成。但是,我国科技中介行业还存在不少问题,阻碍了其功能的有效发挥。基于此背景,对我国科技中介进行深入研究,进一步明晰科技中介的功能、识别我国科技中介功能实现面临的主要障碍,提出促进我国科技中介功能提升的对策建议就具有明显的现实意义和理论意义。

本书首先介绍了我国科技中介机构的发展历程,通过案例分析了主要科技中介机构——技术市场、生产力促进中心和科技企业孵化器发展的基本状况。其次,从交易成本、信息不对称理论视角分析了科技中介机构的市场完善功能,从区域创新系统失灵视角分析了科技中介机构的创新系统完善功能,并以技术市场为例,实证研究了科技中介发展对区域创新能力提升的促进效应及其结构性差异。再次,从需求和供给两个方面,研究我国科技中介机构功能实现的主要障碍。关于需求方面的障碍,通过构建科技中介机构接受意图模型,实证研究导致企业管理人员对科技中介结构接受意图低下的主要因素;关于供给障碍,在分析科技中介服务商品属性的基础上,探讨了科技中介服务供给主体的多元化,分析了我国政府、私人部门和社会组织等不同主体在供给科技中介服务时存在的问题。最后,基于以上研究结论,从能力提升、结构优化、环境改善和需求引导四个方面提出促进我国科技中介功能提升的对策。

本书是尹继东教授承担的国家软科学研究计划项目"科技入园与基层科技工作创新研究"(项目编号:2012GXS2D022)成果和笔者承担的江西省软科学研究计划项目"江西省科技服务业功能提升研究"(项目编号:20161BBA10007)成果,感谢资助单位对研究工作的立项资助。南昌大学社会科学处和经济管理学院对本书的出版给予了大力帮助和资金支持,在此深表谢意。科学出版社邹聪编辑对书稿的编辑付出了辛勤的劳动,也在此表示衷心的感谢。在写作本书过程中,笔者参考了许多专家、学者的论著和科研成果,在此一并致谢。书中疏漏之处在所难免,恳请专家及读者批评指正。

许水平
2016 年 7 月 12 日

目录

前言

第一章　绪论 ·· 001

第一节　当前我国大力发展科技中介的必要性 ················001
第二节　科技中介相关观念辨析 ·······································003
第三节　对科技中介基本功能的一般认识 ·······················008
第四节　国内关于科技中介研究的进展 ···························012
第五节　本书的内容框架 ···015

第二章　我国科技中介发展历程及现状 ·· 018

第一节　我国科技中介机构的发展历程 ···························018
第二节　我国主要科技中介机构的发展状况 ···················024
第三节　本章小结 ···035

第三章　科技中介功能理论分析 ·· 037

第一节　科技中介功能研究的经济学理论基础 ···············037
第二节　科技中介功能研究的创新系统理论基础 ···········042
第三节　基于交易成本理论的科技中介功能分析 ···········050
第四节　基于信息不对称理论的科技中介功能分析 ·······055

第五节　基于创新系统失灵视角的科技中介功能分析 ………… 061

第六节　科技中介功能总结 ……………………………………… 070

第四章　科技中介功能实证研究 ………………………………… **072**

第一节　简要文献回顾 …………………………………………… 072

第二节　模型设定、指标选择及数据简要分析 ………………… 073

第三节　实证分析 ………………………………………………… 080

第四节　结论及政策含义 ………………………………………… 089

第五章　我国科技中介功能实现的障碍——需求方面 ………… **090**

第一节　技术接受模型发展演进 ………………………………… 091

第二节　科技中介接受行为模型构建 …………………………… 096

第三节　研究方法和数据获取 …………………………………… 103

第四节　研究假设的验证 ………………………………………… 108

第五节　结论及政策含义 ………………………………………… 130

第六章　我国科技中介功能实现的障碍——供给方面 ………… **133**

第一节　科技中介供给模式 ……………………………………… 133

第二节　我国科技中介供给存在的问题 ………………………… 136

第三节　案例：江西生产力促进中心发展的系统基模分析 …… 143

第四节　本章小结 ………………………………………………… 155

第七章　促进我国科技中介功能提升的路径 …………………… **157**

第一节　路径一：能力建设 ……………………………………… 157

第二节　路径二：结构优化 ……………………………………… 162

第三节　路径三：环境改善 ……………………………………… 167

第四节　路径四：需求引导 ……………………………………… 171

第五节　本章小结 ………………………………………………… 175

主要参考文献 ……………………………………………………… **176**

第一章
绪　论

第一节　当前我国大力发展科技中介的必要性

一、经济发展方式转变、创新悖论与科技中介发展

以科技进步推进发展方式转变已成为我国的基本战略。随着新科技革命的迅猛发展，科技进步与创新已经成为经济社会发展的决定性因素，经济发展日益由资源依赖转向创新驱动。增强自主创新能力和发展创新型经济，既是一个国家和地区提升综合竞争力的主要手段，也是转变经济发展方式、实现产业转型升级的根本途径。"十二五"规划中提出要加快转变经济发展方式，努力开创科学发展新局面。要求"坚持把科技进步和创新作为加快转变经济发展方式的重要支撑""推动发展向主要依靠科技进步、劳动者素质提高、管理创新转变，加快建设创新型国家"。由此可见，以科技进步推进发展方式转变已成为我国的基本战略。

科技进步推进经济社会发展，包括知识生产和知识应用两个环节。而知识生产和知识应用在一定程度上是分开的，譬如专业从事知识生产的高校、科研院所一般并不直接参与知识的应用环节。就知识生产向知识应用的转化问题，可用科技成果转化率指标来衡量。当前，科技成果转化率低是我国科技进步的一个重要障碍，有人称之为"创新悖论"。有研究显示，西方发达国家的科技成果转化率达到50%～70%，美国和日本甚至达到了80%，而我国仅为20%左右（石军和蒋晨，2006）。我国科技成果转化率低的原因有很多，其中一个重要的原因就是科技中介服务体系不完善、功能不健全。因此，"十二五"规

划中提出加快建设国家创新体系，促进科技成果向现实生产力转化。

二、企业开放式创新与科技中介发展

在知识经济时代，企业仅仅依靠内部的资源进行高成本的创新活动，已经难以适应快速发展的市场需求及日益激烈的企业竞争。这就要求企业保持足够的开放性，充分有效利用外部创新资源进行开放式创新。同时，知识经济时代具备了开放式创新的必要条件。在知识经济时代，技术人才的流动性和可聘用性大大增强、风险分担机制日益完善、知识专业生产部门快速增加，这些都使得企业实施开放式创新成为可能。开放式创新要求企业摒弃原有的创新活动应该在企业内部实现的理念，打破传统的企业边界，将企业内部和外部的技术有机地结合为一个系统，充分协调企业内外部资源来产生创新思想，综合利用企业内外部的市场渠道来为创新活动服务（亨利·切萨布鲁夫，2005）。从封闭式创新到开放式创新意味着创新活动在很大程度上从企业内部活动变成了市场活动，企业通过市场交易获取创新资源或创新成果越来越多地替代了传统的内部研发。

然而，以市场为导向的开放式创新也面临诸多挑战。一是创新活动的不确定性增加。企业不能确定能够从市场中获得自己所需的技术。二是必须面临交易成本。由于知识是信息产品，交易过程中存在的信息不对称和信息不完全问题可能会阻碍交易的顺利进行。交易成本还包含搜寻成本，对于一些中小企业，可能没有足够的资源去寻找相关技术信息。三是开放式创新与企业积累的社会资本相关。企业开放式创新所能利用的创新资源将主要通过企业现有社会资本（网络）获取，创新过程也将主要在其社会资本（网络）中完成（张震宇和陈劲，2008）。

科技中介机构在一定程度上就是适应开放式创新的要求而出现的。科技中介的经纪人角色和科技信息服务功能，能够降低开放式创新活动的不确定性。科技中介机构的交易中介职能，能够降低市场活动中的信息不对称和不完全问题，为科技市场的交易活动提供便利。科技中介的结构洞角色，可以密切创新主体之间的联系，增加企业的社会资本，提高创新资源的配置效率。因此，科技中介的发展是知识经济时代开放式创新模式有效实施的必要条件。

三、我国科技中介服务体系有待完善、能力有待提升

适应新的发展战略和新的时代背景要求，我国从政策层面加大了对科技中

介发展的支持力度。1987年出台的《中华人民共和国技术合同法》第一次界定了"科技中介"的概念；2000年《中共中央关于制定国民经济和社会发展第十个五年计划的建议》又明确指出"建立服务功能社会化、网络化的科技中介服务体系"，在2002年年底召开的全国科技中介机构工作会议上，时任科学技术部（简称科技部）部长徐冠华指出"把大力发展中介机构作为今后一个时期加强科技创新的重要举措"，2002年12月20日，科技部印发了《关于大力发展科技中介机构的意见》，2003年被确定为我国科技中介机构建设年。

自20世纪80年代以来，我国科技中介事业得到了较快发展。各种形式的科技中介机构，如生产力促进中心、创业服务中心、工程技术研究中心、科技评估中心、科技招投标机构、情报信息中心、知识产权事务中心和各类科技咨询机构等大量涌现，行业规模不断扩大。虽然近年来我国科技中介事业发展较快，但也存在诸多问题。徐冠华曾指出，我国科技中介机构的发展仍处于起步阶段，科技中介能力仍然满足不了日益增长的服务需求。主要存在五个方面的问题：一是发展不平衡；二是人员素质偏低、服务能力不强、竞争力不强；三是科技中介发展的公共基础设施建设薄弱；四是政府管理与支持政策存在错位；五是与科技中介发展相关的政策法规不完善，市场秩序有待规范。

国家战略的调整和时代背景的转变，都对我国科技中介服务提出了更高的要求，而现实情况是我国科技中介在服务能力上明显滞后于市场需求。"十二五"规划在增强科技创新能力一章专门提出要"鼓励发展科技中介服务，提高服务企业能力"。这既说明了科技中介在我国创新能力建设中的重要地位，也表明国家对科技中介发展的重视，同时还指出了未来科技中介事业发展的重点在于服务能力建设。正是基于这样的背景，有必要深入研究当前我国科技中介，进一步明确我国科技中介机构的功能，分析我国科技中介功能实现面临的主要障碍，并提出促进我国科技中介功能提升的对策建议。

第二节 科技中介相关观念辨析

一、中介

中介的哲学含义是指在不同事物或同一事物内部对立两极之间起居间联系作用的环节，对立的两极通过中介连成一体。黑格尔认为作为事物之间联系环节和事物转化、发展中间环节的中介，是普遍存在的。辩证唯物主义进一步指出,在客观世界中,每一个物质客体都和它周围的物质客体直接接触,并通过它们和在空间上与之并存的其他物质客体间接联系。事物的发展在时间上是前后相继的。每一事物都由它的前在事物转化而来,又向他物转化而去。因此,每一个物质客体都和在时间上与之相继的物质客体直接联系,并通过它和非并存的其他物质客体间接联系。在前一种情况下,中介表现为在空间上并存的不同物质客体的居间联系环节。在后一种情况下,中介既表现为非并存的物质客体之间的联系环节,又表现为每一物质客体转化或发展序列的中间环节。各种物质客体之间的这些直接的和间接的联系纵横交织,构成了整个物质世界的普遍联系网络,中介就是网络的纽结或关节点,它们在不同物质客体间起着居间联系的作用。

具体到人类经济活动中的中介,一般是指在市场经济活动中,在需方和供方之间起沟通、联系作用,促进交易的组织及其服务活动。因此,中介有时是指中介组织或中介机构,有时则指中介服务或中介活动。中介组织是指在市场经济条件下,在经济流通和合作过程中,为了能够协调交易双方的关系,保护公平竞争,提高效益,沟通信息,而存在并发展的市场第三方组织。中介服务或中介活动是指中介组织开展的服务或活动。中介组织或中介活动的出现标志着市场经济达到了比较高的水平。

人类社会经济活动的不同领域存在着各种中介机构,提供各式中介服务。如贸易中介(提供贸易所需的资料、客户等相关信息)、服务中介(提供第三产业信息,如家政公司)、物流中介、房地产中介(包括租售)、二手车中介(各种二手车服务信息)及婚姻中介(也就是俗称的"媒婆")等。

二、科技中介

科技中介、技术中介、创新中介三个概念在中文文献中都有出现,基本具有相同的含义,只存在使用频次的差异。检索中国知网,截至2013年12月31日,篇名中包含"科技中介"的文献共1041篇,包含"技术中介"的文献共120篇,而包含"创新中介"的文献共31篇,可见"科技中介"在文献中出现的频次最高。从实务上来看,在国家各部委及地方政府的工作文件中,多数也是使用科技中介一词。科技中介对应的英文为 science and technology intermediaries,但英文文献中甚少使用 science and technology intermediaries,而多使用 innovation intermediaries(创新中介)一词,少数使用 technology intermediaries(技术中介)的文献,其作者多为中国学者。可见,在英语中,习惯用法是创新中介。在此,科技中介与技术中介、创新中介在本质上没有区别,只是使用习惯不同。为与国内多数文献及政府部门文件保持一致,本书使用科技中介一词。

在英文中,intermediary 为名词,在文献中 innovation intermediary 专指创新中介组织或机构;与之相对应的动词为 intermediate,指从事中介活动。intermediate 的动名词 intermediating 作名词时为中介行为的内容或中介服务内容。而在中文里,中介既可以为名词也可以为动词。当中介作名词时,人们所指科技中介一般是指科技机构或组织;而作动词时,则是指科技中介活动或服务过程。因此,有必要注意科技中介机构和科技中介服务这两个概念。当然,一般来说科技中介服务是由科技中介机构提供的。科技中介机构与科技中介服务不做学理上的具体区分,认为科技中介机构是直接从事科技中介服务的机构。

随着创新系统、创新网络和开放式创新等理论的发展,国外学者认识到不同创新主体之间的协同合作对创新的重要意义。在不同主体协同合作的过程中,有一类组织由于联系不同的创新主体、充当了桥梁的角色,受到越来越多的关注。这类机构的共性在于其活动与创新相关,同时又充当了中介者的角色,因而,可以从广义上被看作科技中介。通常认为科技中介机构是市场经济发展到比较高层次时才出现的一类社会组织。科技中介服务是市场经济活动中一种高级的中介活动形式,与一般经济中介活动相比,其更具知识性和智力性,是一种知识密集型服务业。当前,科技中介服务已成为第三产业中最具活力和智力特征的服务产业。

Smedlund(2006)将科技中介定义为在知识生产者和使用者之间担当中间人角色的组织。Howells(2006)认为科技中介是指在涉及创新过程的交易双方或多方之间充当代理或经纪人角色的组织或机构。创新中介活动主要包括信息提供,代理双边或多边交易,充当创新协作中间人,帮助寻找建议、融资及相关支持等。Dalziel(2010)则从组织活动目标来定义科技中介,Dalziel 认为无论是致力于直接增强一个或多个企业创新能力,还是间接促进了区域、国家或部门创新能力的组织都是创新中介。它们通过跨组织的中介活动创造和培育组织间的网络,通过建立企业与研究机构之间的联系来引导和支持技术开发活动。按照以上学者的定义,科技中介机构的范围非常宽泛,只要是服务企业创新的组织或机构都可以被看作科技中介,如技术市场、行业和贸易协会、经济发展机构、商会、科技园、企业孵化器、研究联盟、标准化组织、大学技术转移办公室等。

刘峰等（2004）认为科技中介是市场中介的一种，是在各种参与技术创新的市场主体之间，利用自身拥有的知识、人才、资金、信息等资源，为技术创新的成功实现，起到沟通、联系、组织、协调等作用的组织及其活动，以及为参与技术创新的各种市场主体、各个具体实体提供专业服务的组织及其活动。张义芳和苏靖（2002）则从区域创新系统的视角来定义科技中介，认为是国家和区域创新体系的重要组成部分，是各类创新主体的黏接剂和创新活动的催化剂。科技中介机构活跃于技术需求者与持有者之间，它们主要是大学、研究机构和企业间技术流动的通道，促进创新体系内各参与主体间互动，并通过进行技术搜寻、评估和传播，实现创新体系内在的有效联系。世界科技中介发展研究组（2003）认为科技中介服务是指在技术创新过程中，中介方以知识、经验、资金和信息为创新主体提供实现创新和应用的各种技术服务。

科技部《关于大力发展科技中介机构的意见》（国科发政字［2002］488号）中指出，面向社会开展技术扩散、成果转化、科技评估、创新资源配置、创新决策和管理咨询等专业化服务的科技中介机构，属于知识密集型服务业，是国家创新系统的重要组成部分。

三、科技中介的主要类型

在我国，存在多种类型的科技中介机构，其业务重点各有不同。按科技部2001年下发的《关于对科技中介服务机构发展情况开展调研的通知》（国科办政字［2001］249号）中，将科技中介服务机构的类型分为六大类：第一类主要是为科技资源有效流动提供服务的机构（技术交易机构）；第二类主要是为中小型企业发展提供信息和技术平台的机构（科技企业创业服务中心）；第三类主要是为利用科技知识、科技文献资料和科技管理经验提供咨询服务的机构（各类科技咨询机构、情报信息中心、科技评估中心、科技招投标机构等）；第四类是直接参与服务对象技术创新过程的机构（工程研究中心、工程技术研究中心、生产力促进中心等）；第五类是农村科技咨询机构（技术推广、示范、服务机构或组织）；第六类是其他类型。此后，2002年，科技部在《关于大力发展科技中介机构的意见》中指出生产力促进中心、科技企业孵化器、科技咨询和评估机构、技术交易机构、创业投资服务机构等，是科技中介服务机构的主要形式。

世界科技中介发展研究组（2003）将科技中介机构按业务类型进行划分，

认为科技中介机构主要有以下几种：一是为技术持有者和需求者牵线搭桥的技术经纪公司，如技术推广机构；二是为解决技术创新过程中各类问题提供咨询的机构，如技术咨询公司；三是为技术企业创新提供技术服务的机构，如企业孵化器；四是对科技成果进行进一步完善的工程化、中试和设计等服务机构，如技术开发中心；五是其他服务机构，如项目服务公司和知识产权法律服务机构。

《国民经济行业分类》（GB/T 4754-2002）从业务内容的角度界定科技中介服务。科技中介服务是指为科技活动提供社会化服务与管理，在政府、各类科技活动主体与市场之间提供居间服务的组织，主要开展信息交流、技术咨询、技术孵化、科技评估和科技鉴证等活动。

张卫东（2011）曾将广义的科技中介机构按照业务性质分成六个大类，如表1-1所示。在这样的分类体系下，虽然能基本涵盖科技中介机构的类型，但是仍然不能将不同类型的科技中介机构的边界划清，在业务内容上仍然存在交叉，因为很多科技中介机构都从事着综合性的科技中介服务活动。

表1-1 我国科技中介分类表

业务类型	科技中介机构
信息咨询服务型	①技术/产权交易市场；②大学科技园；③生产力促进中心；④工程研究中心；⑤科技示范服务中心；⑥农业技术推广服务中心；⑦商会、行会、协会组织；⑧技术经纪人；⑨技术转移示范中心；⑩新驿站
科技成果转移型	①科技投资信托公司；②科技风险投资公司；③科技风险投资咨询公司；④科技创业投资担保公司
投资融资型	①科技人才市场；②科技人才交流中心；③科技人才猎头公司；④科技人才培训中心；⑤技术培训中心
人才服务型	①技术监督管理中心；②科技法律事务所；③专利事务所；④知识产权评估中心；⑤技术评估中心
监督法律型	①科技孵化器；②创业服务中心
企业孵化型	①技术信息咨询服务中心；②工程技术咨询服务中心；③科学技术信息研究所；④企业技术诊断所；⑤专家咨询思想库（智囊团）；⑥农业科技信息咨询服务中心

资料来源：张卫东，2011

四、科技中介与知识密集型服务业

有学者认为科技中介即知识密集型服务业（knowledge intensive business service，KIBS），知识密集型服务业即科技中介。但事实上两者是有差异的。

知识密集型服务业一般是指企业在提供服务时融入大量科学、工程、技术等专业性知识的服务。魏江、沈璞（2006）结合我国国民经济行业分类

（GB/T4754-2002）分类标准，将知识密集型服务业划分为四大类十四小类，即金融业（银行业、证券业、保险业和其他金融活动等）、信息与通信服务业（电信及其他通信服务业、计算机服务业、软件业等）、科技服务业（研究与试验发展、专业技术服务业、工程技术与规划管理、科技交流和推广服务业等）和商务服务业（法律服务、咨询与调查、其他商务服务等）。

从以上对知识密集型服务业内容的界定可以看出，知识密集型服务业和科技中介服务业都具有知识密集型的特征。但同时也可以看出，知识密集型服务业的业务范围更广泛。如其中的计算机和软件服务，卫生，新闻出版业，广播、电视、电影和音像业，文化艺术业显然不属于科技中介服务业范围。

因此，可以认为科技中介服务业是知识密集型服务业的重要组成部分，而知识密集型服务业则涵盖更广的业务内容。科技部在《关于大力发展科技中介机构的意见》中也指出科技中介机构属于知识密集型服务业。

虽然还有一些学者从不同的角度来界定科技中介机构，但考虑到科技部政策文件的权威性及指导性，本书将研究范围界定在《关于大力发展科技中介机构的意见》所列出的科技中介机构及提供的服务上。

第三节 对科技中介基本功能的一般认识

一、功能相关概念辨析

功能是指特定对象满足某种需要的属性，或是其发挥的有利作用。凡是满足使用者需求的任何一种属性都属于功能的范畴。例如，粮食的功能主要是充饥解饿，衣服的功能主要是御寒保暖。功能与功能载体是辩证统一的，功能载体是能够实现某项功能的物品、服务或系统。同样的功能可以由不同的载体来实现，因而，载体具有可替代性。

从系统论的视角来看，往往需要多方主体按一定的方式或秩序结合起来才能满足某些需要或达到某些目的。这些相互结合的要素形成一个系统，其结合方式或秩序构成系统的结构，保证了系统的相对稳定。系统的功能是指系统在与其所处的母系统或环境相互作用中所表现出来的特质、功用和效能，是系统行动及其与母系统之间相互作用所引起母系统的变化及其综合效应。要注意系统行为与系统功能的区别。系统行为是指系统作用并影响母系统的过程，系统功能是指这种行为产生的结果。

系统功能主要受两方面因素的影响。一是系统内部结构是否合理，系统内部结构包括要素及要素组合方式。要素缺失或组合方式存在问题都会抑制系统的功效。二是系统与母系统的合意度。子系统的行动是嵌套于母系统所提供的环境之中的，母系统的要求限定了子系统功能发挥的内在原则，子系统需要遵循母系统的"人格规范"，要以母系统的需求为目标来强化自身被需要的功能。

科技中介是创新系统和社会经济大系统的一个子系统。科技中介体系内的各种机构是该系统的要素，各机构之间的比例关系、竞争合作、资源共享等是要素的组合方式，形成了科技中介系统的结构。科技中介机构业务开展，为企业创新提供各种服务，这一个过程就是系统行为。其行为的结果就是科技中介系统的功能。由于行为结果可以从不同层面来理解，所以，可以按照一定的次序将科技中介功能进行层次划分，如对企业的影响、对市场的影响和对整个社会的影响。科技中介子系统功能的有效发挥一方面取决于自身系统结构，即科技中介机构服务能力及资源整合状况，这主要涉及科技中介供给层面；另一方面也取决于科技中介与母系统的契合状况，即社会对科技中介的需求状况。

二、科技中介机构的角色、业务与功能

具体到不同的科技中介服务机构，由于其业务活动的不同，充当的具体角色也存在较大差异，其功能也各不相同。现有文献通常通过科技中介机构在创新活动中充当的角色或业务来识别其功能。例如，Callon（1994）认为科技中介机构充当中介商的角色，是影响科学技术在科学网络和社会网络之间变动的机构或组织；Gassmann 和 Gaso（2004）则认为科技中介机构主要充当创新系统中介的角色，是作为中间人以建立区域创新主体间多维度关系的机构；Sousa（2008）则称之为知识经纪人，其主要作用是促进知识源与知识需求方之间的知识共享。Howells（2006）对相关文献中有关科技中介角色、活动、作用的研究进行了整理总结，Munkongsujarit（2013）在此基础上对 2006 年以后出现的文献进行补充，形成表 1-2。

表 1-2　外文文献中出现的科技中介相关角色及作用

角色	定义/作用	研究者
中介商 （intermediaries）	探讨中介机构支持小企业技术转移的作用	Watkins 和 Horley（1986）
第三方 （the third parties）	个人或组织介入他方的决策	Mantel 和 Rosegger（1987）

续表

角色	定义/作用	研究者
经纪人（brokers）	促进创新思维由单独体系向社会系统扩散的代理角色	Aldrich 和 von Glinow（1992）
中介商（intermediaries）	探讨科技中介机构对技术开发的作用	Seaton 和 Cordey-Hayes（1993）
中介机构（intermediary agencies）	参与研究和制定政策	Braun（1993）
中介商（intermediaries）	影响科学技术在科学网络和社会网络之间的变动	Callon（1994）
桥梁建设者顾问（consultants as bridge builders）	创新的桥梁作用	Bessant 和 Rush（1995）
中介公司（intermediary firms）	为用户提供适当的解决方案	Shohert 和 Prevezer（1996）
中介商（intermediaries）	充当代理主体和用户之间转让技术的公共和私人组织	Turpin 等（1996）
上部结构组织（superstructure organizations）	帮助、促进和协调信息	Lynn 等（1996）
知识经纪人（knowledge brokers）	组合现有的技术，帮助创新	Hargadon（1998）
创新中介（innovation intermediaries）	某些类型的服务公司作为中介机构在创新体系中发挥积极主动的作用	Howells（1999b）
技术经纪人（technology brokers）	扮演在信息和网络知识工业中填补空白的角色	Provan 和 Human（1999）
区域机构（regional institutions）	代理、衔接	McEvily 和 Zaheer（1999）
边界组织（boundary organizations）	技术转让和技术产业化	Guston（1999）
边界组织（boundary organizations）	促进技术转让的边界组织	Cash（2001）
知识中介（knowledge intermediaries）	促进知识转移和知识接受	Millar 和 Choi（2003）
创新顾问服务（innovation consultancy services）	特别顾问公司的作用是促进创新，涉及包括咨询公司和中介机构在内的各种行为者	Pilorget（1993）
技术经纪（technology brokering）	参与技术开发、交流和转移	Hargadon 和 Sutton（1997）

续表

角色	定义/作用	研究者
创新桥（innovation bridging）	免费向企业提供知识或服务	Czarnitzki 和 Spielkamp（2000）
知识经纪人（knowledge brokering）	促进企业之间有关创新的信息交流的中介机构	Wolpert（2002）
中介（innomediaries）	收集并扩散知识以填补企业和顾客之间的结构洞	Sawhney 等（2003）
系统中介（systematic intermediaries）	在政策措施、克服市场失灵方面起到桥梁作用的机构	Van Lente 等（2003）
配对者 [matchmakers（in technological listening posts）]	作为中间人以建立区域创新主体间多维度关系	Gassmann 和 Gaso（2004）
创新中介（innovation intermediaries）	在涉及创新的双方或多方之间充当代理人或经纪人角色的组织	Howells（2006）
虚拟知识经纪人（virtual knowledge brokers）	连接、重组及转化知识	Verona 等（2006）
创新中介（innovation intermediaries）	提供设计、模拟、可视化等广泛的创新技术	Dodgson 等（2006）
创新中介（innovation intermediaries）	为企业创新联系外部资源	Nambisan 和 Sawhney（2007）
知识企业家（knowledge entrepreneurs）	能够将可获得的知识转化为新产品或新的商业机会的组织	Cooke 和 Porter（2007）
创新经纪人（innovation brokers）	产业网络中为其他组织提供创新机会的成员	Winch 和 Courtney（2007）
中介组织（intermediary organizations）	协调分离主体行为以增加信息的可获得性	Boon 等（2008）
知识经纪（knowledge brokers）	促进知识源与知识需求方之间的知识共享	Sousa（2008）
知识枢纽（knowledge hubs）	与知识创新及技术转移相关的组织	Youtie 和 Shapira（2008）
产学连带（linkages）	为企业和高校提供潜在合作机会的信息	Kodama 和 Yusuf（2008）
开放创新加速器（open innovation accelerators）	促进创新企业与环境的协同	Diener 和 Piller（2010）

资料来源：Howell，2006；Munkongsujarit，2013

一些学者基于案例研究或文献总结，对创新中介的功能进行了归类总结。例如，Grover（2001）从六个方面阐述科技中介的功能，分别是综合检索服务、匹配服务、内容服务、群体服务、情报服务及基础服务。Aguila-Obra 等（2007）认为创新中介的主要功能包括汇集供给和需求；收集、组织、评价分散的信息；简化市场交易的程序；提供基础设施；提供信赖感；扮演经纪人的角色集成买卖双方的需求。Barnes 和 Hinton（2007）将创新中介的功能归类为情报功能、交易功能、担保功能、后勤保障、服务用户。其中 Lopez-Vega（2009）对创新中介功能的总结较为全面，Lopez-Vega 在文献研究的基础上，对科技中介机构的功能进行了总结归类。他认为科技中介机构的三个主要功能是促进合作、联系者和提供服务。其中促进协作的功能是指促进不同组织间的行为协同，主要包括知识处理、生产与组合、技术诊断、信息收集与处理、商业化；联系者功能是指帮助企业建立与环境的联系。提供服务功能是指利用自身资源直接为企业创新提供各种服务，如中试、检测、产权服务等。

这些文献多数将科技中介的业务、角色和功能等同，也就是没有区分系统行动与系统功能，导致学术界对科技中介功能的界定比较混乱。事实上，如果按照科技中介业务是系统行动，科技中介功能是系统行动结果的逻辑关系，就可以较好地将两者界定清晰，避免混淆。同时，可以发现，人们多数遵循个体研究的思路，即从不同科技中介机构的业务活动认识其功能，而从整个社会经济系统总体对科技中介功能的研究较少。

第四节　国内关于科技中介研究的进展

随着我国科技中介事业的不断发展，国内学者对科技中介的研究也在不断深入。早期研究主要集中于关于我国建设科技中介的必要性分析和国外经验总结，当前则集中于如何建设好科技中介。

一、关于我国建设科技中介的必要性研究

我国学者对科技中介的研究起步于 20 世纪 80 年代。当时，一方面，随着市场社会体制改革不断深化及技术创新的不断发展，人们日益认识到科技的重要性，并提出科技是第一生产力；另一方面，由于传统的计划经济和科技体制问题，我国存在严重的科技与经济脱节的情况。如何建立起科技与经济之间的

联系，引起学者们的关注。一些学者开始探讨科技中介的作用和我国建设科技中介的必要性。

岳长志和李建民（1993）在《科技中介——科技成果进入市场的催化剂》一文中，最早提出了科技中介在科技成果向生产力转化中的重要作用。柳亚林（2003）分析了以市场为导向的科技中介机构在科技资源优化配置中的作用，并提出了要深化科技体制改革，强化科技中介服务机构建设。李正风（2003）认为"知识分配力"是国家创新系统中的关键性因素，而科技中介是知识分配力的主要来源，是"创新增值链"中具有重要作用的一个环节。王文瑞（2002）撰文首次提出科技中介是区域创新系统的重要组成部分，是现代社会的支撑点。郭同峰（2003）认为科技中介的主要功能包括优化创新环境，提高技术创新主体的创新能力；发挥纽带、桥梁作用，加速科技成果向产业转移；运用市场调节功能，实现生产要素的优化配置；提供综合服务，推动高技术产业化进程；规范市场行为，实现对市场的监督与调节。

二、对国外经验进行总结和介绍

在我国缺乏科技中介建设经验的情况下，借鉴国外经验是当时的必然选择。不少学者对国外科技中介发展经验进行了总结介绍。

吴莉莉（1993）比较介绍了日本和中国香港的生产力促进组织发展的模式与经验。喻明（2001）介绍了英国科技中介服务机构的现状，并提出建设中国科技中介的思考。钟鸣（1999，2001）介绍了日本发展科技中介的相关法律基础，以及日本科技中介运行模式。朱桂龙和彭有福（2003）以美国、日本、德国为代表介绍了发达国家科技中介服务体系的构成，以美国农业技术合作推广体系为典型案例介绍了发达国家科技中介服务体系的运作，进而总结出适合中国科技中介服务体系建设与完善的三点启示，包括科技中介服务体系范畴的启示、科技中介服务体系层次的启示和科技中介服务体系能力建设与政府作用的启示。

2002年，科技部组织召开第一次全国科技中介机构工作会议，并确定2003年为科技中介建设年，国家明显开始加大科技中介机构建设。为此，科技部政策法规与体制改革司同国际合作司一道，在充分调研世界主要发达国家科技中介机构发展状况的基础上，组织编写了《世界科技中介发展概览》一书。书中对美国、英国、瑞典、日本、德国、法国、丹麦等发达国家科技中机构发展状况进行了介绍，对经验进行了总结。可以说，《世界科技中介发展概览》一书是当时有关科技中介研究的代表性文献。

三、关于如何建设科技中介的研究

2003年被科技部确定为中介机构建设年，以此为起点，我国科技中介机构发展进入快速增长时期。与此相适应，国内学术界对科技中介研究重点转移到了如何建设科技中介机构及如何对科技中介机构进行有效管理的问题上来。

一些学者研究了科技中介发展的动力机制问题。如李欣和邹礼瑞（2008）在总结前人研究的基础上，从主体、客体和运行规则三个方面界定科技中介服务体系，并从动力机制的角度，重点分析科技中介体系发展的内力、外力和阻力，并从政府和社会的角度提出了加快发展我国科技中介服务体系的建议。白洁（2009）从政策机制、市场机制和内部运行机制三个层面分析了科技中介机构发展的动力机制。李文元等（2010）将科技中介机构的管理划分为事业管理模式和企业化管理模式，并对每种管理模式的特点进行了分析。在对我国科技中介机构管理模式现状进行分析的基础上，认为我国以事业管理为主的模式不利于科技中介机构的发展，提出我国科技中介机构发展应建立以企业化管理为主、事业化管理为辅的目标。武萍和周卉（2012）以东北三省为例，探讨了科技中介机构的资源共享机制、多元投入机制、系统管理机制等问题。

还有文献从管理学的视角，探讨科技中介机构科学管理问题。王健和王树恩（2004）从主体多元化、形式多样化、人员专业化、管理规范化、管理信息化、管理市场化六个方面讨论科技中介机构管理问题。刘锋等（2006）研究了科技中介机构行为规范化问题。郎丽慧等（2005）在分析科技中介服务机构核心员工特征和主导需求的基础上，运用激励理论和薪酬管理中的重要思想探讨了该类机构中核心员工薪酬体系的设计原则和关键要素。谭玉洪等（2006）研究了科技中介服务机构人力资源管理问题。王玉（2010）深入研究了科技中介服务业顾客感知服务质量问题。孙玉伟（2010）基于委托－代理理论研究了我国科技中介机构激励机制设计。阎俊爱（2008）探讨了我国科技中介机构核心竞争力构成及评价。刘勇等（2010）构建了高校科技中介机构运行模式绩效评价指标体系，并基于三角模糊数学的综合评价方法对高校科技中介机构运行模式绩效进行了实证评价。

随着系统创新观念和区域创新系统的重要性被广为接受，国内一些学者从区域创新系统的视角，探讨区域创新系统中科技中介应有之地位及中介体系建设问题。王庆金等（2011）探讨了科技中介组织在区域创新体系中的运作机制、存在的问题，并从管理体制和机制、行业协会的监督、创新的网络体系、人才建设等方面提出了完善我国科技中介运作机制的对策建议。李柏洲和孙立梅（2010）提出了创新系统中科技中介组织的角色定位问题，构建了创新系统中科技中介组织角色模型，揭示了科技中介组织的角色层面即创新系统中科技中介组织的作用位势角色、市场角色、主体角色，并构建了几类主要的科技中介组织在生产力转化、企业培育、参与技术市场化程度等维度的空间作用位势模型。

总体来看，我国学术界对科技中介的研究主要服务于我国科技中介建设的实践需要，随着我国科技中介事业的不断发展，学术研究随之不断深入。这些研究为科技中介建设和发展提供了较好的理论基础和经验借鉴。但是，还存在以下不足。第一，经过30多年的发展，当前我国科技中介建设的重点已有规模建设转移到效率提升。当前学术研究多数仍然在关注规模建设问题，对效率提升问题的研究还有待深入。第二，从研究方法来看，现有研究理论研究较多，实证研究较少，研究方法总体比较单一。虽然规范性的理论研究能够辨析事物发展的基本逻辑关系，但缺乏量化研究的支持，往往难以保证研究的客观性。第三，现有研究较多关注科技中介的供给方面。但事实上，科技中介机构功能的实现，同样取决于社会需求。现有研究对科技中介需求关注较少，尤其是对企业对科技中介接受行为研究基本没有涉及。

第五节　本书的内容框架

一、基本思路与技术路线

本书以问题为导向，基本遵循对象界定→理论分析→实证检验→问题发现、原因分析→对策建议的研究思路。与之相对应的研究内容是我国科技中介发展状况→科技中介功能理论分析→科技中介功能实证研究→科技中介功能实现的障碍→促进我国科技中介功能提升的路径。基于以上研究思路和研究内容安排，实现研究的技术路线见图1-1。

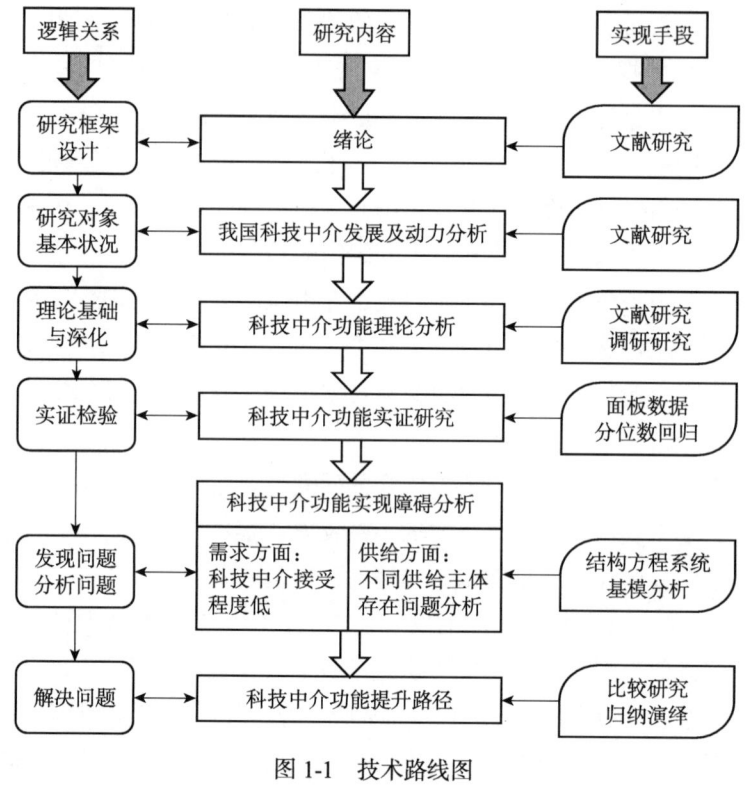

图1-1 技术路线图

二、内容安排

本书主要由四个相关部分构成。

第一部分内容是对研究对象基本状况的介绍，对应本书第二章。主要分析我国科技中介机构发展的历程和三类主要科技中介机构——技术市场、生产力促进中心和科技企业孵化器发展的基本状况。

第二部分内容为科技中介功能理论与实证研究，分别对应本书的第三章和第四章。理论研究部分从交易成本理论、信息不对称理论和区域创新系统失灵理论三个不同的视角研究科技中介功能。实证研究是对理论研究的检验，通过对我国省际面板数据的分位数回归，实证研究科技中介发展对创新能力的促进作用。

第三部分研究内容主要从需求和供给两个方面，研究我国科技中介机构发展过程中面临的主要障碍，分别对应本书的第五章和第六章。关于需求方面的障碍，本书认为科技中介社会接受程度不高是当前需求方面阻碍科技中介功能实现的最主要因素。本研究借鉴社会行为理论的相关成果，构建科技中介接受意图模型。通过开展问卷调查，采用结构方程模型，实证研究影响企业管理人员对科技中介接受意图的主要因素。关于供给障碍的研究，本书首先分析科技中介服务的公共产品特征，认为有些科技中介服务属公共物品，有些属准公共物品，还有些则属私人物品。科技中介服务属性的多样性决定了其供给主体的多元化，政府、私人部门和社会组织是科技中介服务的三个主要供给主体。在此基础上分析不同主体在供给科技中介服务时存在的问题，并对江西生产力促进中心展开案例分析，通过构建系统基模分析江西生产力促进中心发展过程中存在的问题及其形成的原因。

第四部分内容为我国科技中介功能提升路径研究，对应本书的第七章。主要基于前文研究结果，从能力提升、结构优化、环境改善和需求引导四个方面提出促进我国科技中介功能提升的对策。

第二章
我国科技中介发展历程及现状

本章主要介绍我国科技中介机构发展的主要历程，以及三类主要科技中介机构——技术市场、生产力促进中心和科技企业孵化器发展的基本状况。

第一节　我国科技中介机构的发展历程

科技中介机构是市场经济的一部分，是市场经济中特殊的经济活动主体。科技中介机构发展的前提是市场经济地位的确立。我国科技中介机构的发展与我国市场经济体制改革基本保持同步。

1978年前，我国实行的是"一刀切"的计划经济体制。在计划经济体制下，政府是经济资源配置的主体，与资源配置的相关决策完全由政府决定。在该体制下，商品交易活动是被禁止的。而中介机构主要为供需双方的交易活动提供支持与服务。既然不存在市场交易活动，中介活动也就没有存在的必要，科技中介组织也就没有了发展的土壤。因此，1978年前，我国的科技中介组织基本上是空白的。

一、摸索阶段（1978～1984年）

始于1978年的经济体制改革，从顶层设计上初步确立了我国经济体制市场化改革的方向。但在改革初期，由于缺乏经验，多数改革还处于"摸着石头过河"的探索阶段。很多的新事物都起步于民间的探索实践，等发展到一定阶段后才得到政府政策的确认与支持。

一些科技工作者在实践活动中认识到技术的商品性质，以及企业对科技信息与科技咨询服务的需求。他们最初利用自己的业余时间为企业提供相关服务，之后逐渐开始建立一些专门的服务组织，由此诞生了我国最早的一批科技中介结构。早期民间科技中介机构主要诞生于经济改革前沿、商品经济相对发达的沿海地区。其服务内容相对集中于科技信息咨询等较低层次。由于缺乏经验，早期的科技中介组织只能在实践中不断摸索，往往缺乏相应的服务标准和服务流程，同时企业对科技中介机构的认可程度非常低。总体来看，此阶段是我国科技中介事业摸索发展阶段。

二、政策支持阶段（1984～1997年）

1984年，党的十二届三中全会《中共中央关于经济体制改革的决定》中提出：科技体制的改革越来越成为迫切需要解决的战略性任务。在此之后，中央又专门讨论这方面的问题，并做出相应的决定。随着科技体制改革的深入，各部委和地方政府出台了一系列的政策法规，从改革思路、政策扶持、环境营造等方面为科技中介组织建设发展创造有利条件，如1994年国家科委、国家体改委发布《关于进一步培育和发展技术市场的若干意见》（国科发政字［1994］59号），1996年国家科委发布《关于加强生产力促进中心建设的若干意见》（国科发工字［1996］196号）。

此阶段科技中介发展的一个重要特征就是政府发挥主导作用，可以看作是一个自上而下的过程。在政府政策的推动下，政府相关科技服务部门、科研院所、个体科技工作者、企业等成为科技中介服务供给的多元主体，形成了公办事业单位和私营的企业法人机构并存的局面。在此阶段，政府的政策支持对我国科技中介机构的发展起到了积极的推进作用。我国科技中介机构在机构数量、行业规模、服务内容等方面都有了较快发展。但是，由于缺乏统一的规划和系统的思考，科技中介机构的发展较为混乱，服务质量和服务绩效尚待提升。

三、规划发展阶段（1997～2002年）

党的十五大报告进一步明确了深化科技体制改革、促进科技与经济结合的重要意义。要求充分发挥市场和社会需求对科技进步的导向和推动作用，支持和鼓励企业从事科研、开发和技术改造，使企业成为科研、开发和投入的主体。科技体制改革的深入为科技中介的发展提供了广阔的发展空间。

在此阶段，国家相关部委继续出台了促进专项科技中介机构发展意见，如1997年出台了《关于建立国际企业孵化器的工作意见》（国科发火字［1997］

424号）；2000年科技部发布了《关于加快高新技术创业服务中心建设和发展的若干意见》（国科发火字［2000］157号）；科技部先后印发《中国科技企业孵化器"十五"期间发展纲要》（国科发火字［2001］237号）和《关于"十五"期间大力推进科技企业孵化器建设的意见》（国科发高字［2001］240号），2001年科技部发布了《"十五"期间国家工程技术研究中心建设的实施意见》（国科发计字［2001］297号）。这些文件的出台明确了科技中介机构建设的目标、任务。

在此期间，我国民营经济发展较快，中小企业在国民经济中的比重、地位越来越重要。而中小企业受自身实力限制，创新资源短缺，需要科技中介机构提各种服务。全国人大于2002年6月通过了《中华人民共和国中小企业促进法》。该法从资金支持、创业扶持、技术创新、市场开拓和社会服务等五个方面明确了促进中小企业发展的措施。该法第三章创业扶持部分，其中的第二十二条为政府有关部门应当积极创造条件，提供必要的、相应的信息和咨询服务……支持创办中小企业。第四章技术创新部分，其中的第三十条为政府有关部门应当在规划、用地、财政等方面提供政策支持，推进建立各类技术服务机构，建立生产力促进中心和科技企业孵化基地，为中小企业提供技术信息、技术咨询和技术转让服务，为中小企业产品研制、技术开发提供服务，促进科技成果转化，实现企业技术、产品升级。第五章市场开拓部分，其中的第三十七条为国家鼓励中小企业服务机构举办中小企业产品展览展销和信息咨询活动。第六章社会服务部分，其中的第三十八条为国家鼓励社会各方面力量，建立健全中小企业服务体系，为中小企业提供服务；第三十九条为政府根据实际需要扶持建立的中小企业服务机构，应当为中小企业提供优质服务；第四十条国家鼓励各类社会中介机构为中小企业提供创业辅导、企业诊断、信息咨询、市场营销、投资融资、贷款担保、产权交易、技术支持、人才引进、人员培训、对外合作、展览展销和法律咨询等服务。科技中介机构的主要功能就是服务于中小企业创业创新，解决中小企业创业创新过程中遇到的各种困难。《中华人民共和国中小企业促进法》明确了科技中介服务的合法性，确立了科技中介机构市场活动主体身份。

在政府政策和市场需求的双重作用下，我国科技中介机构进一步快速发展。同时，在政府政策的引导下，基本形成了包括技术市场、生产力促进中心、科技孵化器、工程技术中心等组织形式的科技中介服务体系，并初步形成规模效应。

四、效率提升阶段（2002年至今）

进入21世纪后，我国科技中介事业经历了近20年的发展，初步形成了门类比较齐全的科技中介体系。但是，早期的主要工作是把科技中介体系的主要部门建立起来，注重规模，而服务质量仍有待提升、业务层次不高、相对缺乏效率，基本上是粗放经营的状态。

2002年，科技部发布的《关于大力发展科技中介机构的意见》（国科发政字［2002］488号）指出当时科技中介机构发展过程中的主要问题。一是发展不平衡。一些地方尚未给予足够重视，缺乏工作思路和有效措施，科技中介机构发展缓慢。科技评估、创业投资服务两类机构比其他类型的机构发展滞后。二是专业化服务程度不高。相当数量的机构规模较小，服务手段落后，主要业务仍局限于场地、公共关系或低层次的技术、信息服务。三是人才队伍建设滞后。还没有形成相应的人才培养机制，专业人才严重不足。四是发展环境还不完备。信息资源流动不畅，政府部门转变职能尚未到位，规范、促进发展的制度和政策还不健全。从总体上看，我国科技中介服务能力仍然严重不足，满足不了日益增长的服务需求。

为研究加快我国科技中介机构发展的对策，2002年12月2日，在科技部的组织下，全国科技中介机构会议在北京召开。全国各地科技中介机构代表及管理部门在会议上总结交流了科技中介机构发展经验，分析了新形势下科技中介机构发展存在的主要问题，研究了科技中介机构健康发展的对策思路。会议提出，争取用5年左右时间，在全国建立起有利于各类科技中介机构健康发展的组织制度、运行机制和政策法规体系，形成体制合理、机制灵活、制度健全、竞争有序、诚信经营的良好发展环境。培育一批服务专业化、发展规模化、运行规范化的科技中介机构，形成各类科技中介机构都能够充分发展、分工明确、相互协作、优势互补的格局。造就一支具有较高专业素质的科技中介服务队伍，形成人才辈出、人尽其才、才尽其用的良好局面。在此基础上，初步形成符合社会主义市场经济体制和国家创新体系建设要求的，开放协作、功能完备、高效运行的科技中介服务体系，基本满足各类科技创新活动的服务需求。

2002年12月20日，科技部发布《关于大力发展科技中介机构的意见》。意见分析了发展科技中介机构的重要性和紧迫性；明确了我国科技中介机构建设的指导思想、目标和原则。该意见提出了发展科技中介机构的主要目标是：

在5年左右的时间内，建立起有利于各类科技中介机构健康发展的组织制度、运行机制和政策法规环境，培育一批服务专业化、发展规模化、运行规范化的科技中介机构，造就一支具有较高专业素质的科技中介服务队伍，初步形成符合社会主义市场经济体制和国家创新体系建设要求，开放协作、功能完备、高效运行的科技中介服务体系，基本满足各类科技创新活动的服务需求。

由《关于大力发展科技中介机构的意见》确立的目标可以发现，我国科技中介机构发展的重点开始由规模扩张转移到了能力提升和质量建设上来。为配合《关于大力发展科技中介机构的意见》的实施，2003年年初的全国科技中介会议决定将2003年定为科技中介机构建设年。2003年5月25日，科技部发布《科技部落实科技中介机构建设年工作要点》（国科发政字［2003］160号），指出"要把提高各类科技中介机构的质量放在突出位置"。

自2003年以来我国科技中介进入了质量和效率提升阶段。这一阶段科技中介机构发展具有以下特点。

一是各级政府加强了对科技中介机构服务标准的规范和服务能力提升的指导。这阶段出台的主要政策大多是针对科技中介机构服务质量的规范和内部管理的指导。如科技部针对科技孵化器专门出台了《科技企业孵化器（高新技术创新服务中心）认定与管理办法》（国科发高字［2006］498号）和《科技企业孵化器评价指标体系（试行）》（国科发火字［2007］745号）。针对生产力促进中心先后出台了《国家级示范生产力促进中心认定和管理办法》（国科发高字［2007］403号）、《国家级示范生产力促进中心绩效评价工作细则》。2010年，科技部、教育部联合发布了《国家大学科技园认定和管理办法》（国科发高［2010］628号）和《国家大学科技园评价指导意见》（国科办高［2010］69号）。

二是中央政府加强了对科技中介机构发展的统筹规划。首先，在《国家中长期科学和技术发展规划纲要（2006—2020年）》（国发［2005］第044号）中明确了科技中介服务体系是中国特色国家创新体系建设的重要内容，提出要建设社会化、网络化的科技中介服务体系。大力培育和发展各类科技中介服务机构，引导科技中介服务机构朝专业化、规模化和规范化方向发展。其次，针对不同门类的科技中介机构，科技部出台了全国性的发展规划。在此期间，先后出台了生产力促进中心"十一五""十二五"发展规划纲要，国家大学科技园"十一五""十二五"发展规划纲要，技术市场科技发展"十二五"发展规划纲要等。这些纲要为我国各类科技中介机构明确了分阶段发展目标。

三是科技中介发展的区域特征日益明显。20世纪90年代末期,区域创新系统理论传入中国并产生广泛的实践指导作用。区域创新系统理论一方面强调了经济社会发展的区域性特征,同时也论证了科技中介在区域创新系统中的重要作用。受此理论的影响,各地方政府在谋求区域创新能力和竞争力提升的过程中,都非常务实地关注经济社会的区域性特征。因此,在科技部各专项规划的指导下,各地方政府结合本地经济、产业、社会等特点,纷纷出台了适合本地区的区域性科技中介机构发展规划。

四是政府与市场的结合。在这一阶段,政府的主要作用包括两方面:一是从总体上加强了对科技中介机构发展的统筹规划,同时加强对行业服务质量和服务规范的管理;二是通过科技体制改革,转变原有的一些科技类事业单位的职能,使之成为企业化经营的主体。同时,在市场机制的作用下,民营性质的科技中介机构也有了较快的发展,一些国际知名的科技中介服务机构也开始进入国内。

通过以上分析,我国科技中介机构发展阶段及路径可归纳如图2-1所示。

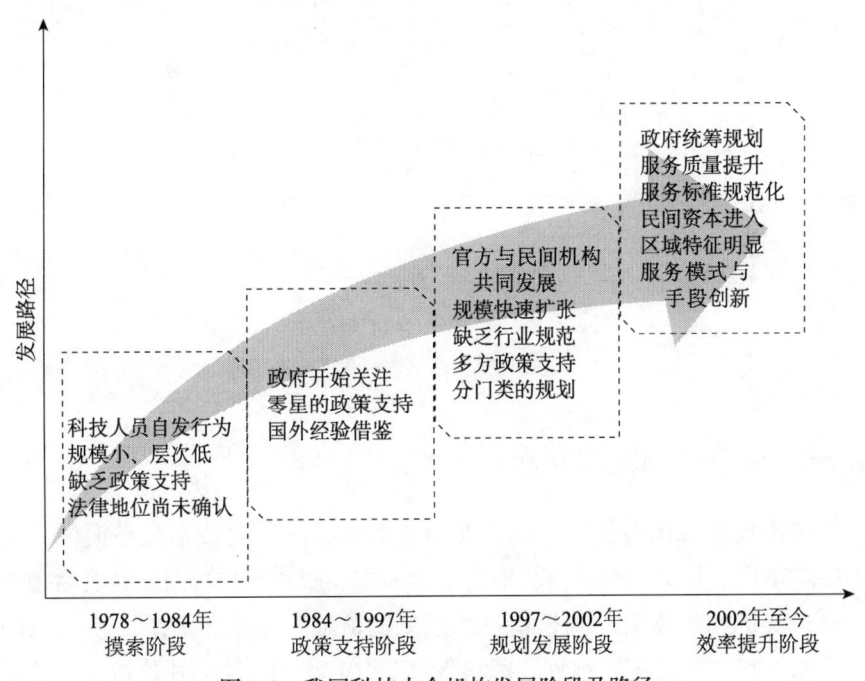

图2-1 我国科技中介机构发展阶段及路径

第二节　我国主要科技中介机构的发展状况

我国存在多种不同类型的科技中介机构，这些机构共同构成了我国科技中介服务体系。从促进科技创新的作用及机构发展的实际情况来看，各种机构的地位有主有次。孙立梅（2011）按照科技中介机构促进技术创新作用的大小，将我国各类科技中介机构分为核心层、中间层、外围层，见图2-2。其中的核心层包括技术交易市场、生产力促进中心和企业孵化器。在此梳理作为我国科技中介服务体系核心的三类科技中介机构的发展状况。

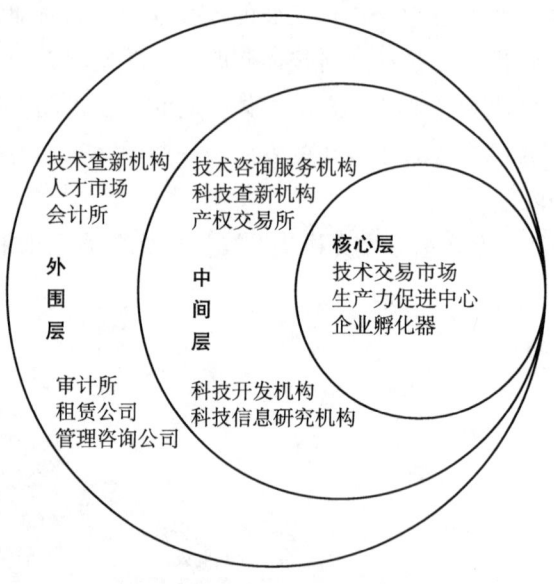

图 2-2　我国科技中介机构结构体系

资料来源：孙立梅，2011

一、技术市场发展状况

技术市场是我国科技中介的重要组成部分，主要为技术交易提供中介服务。技术市场的狭义理解是指从事技术交易中介服务和技术商品经营活动的场所。从广义的角度来看，则是指技术成果的流通，是技术成果交换关系的总和。技术市场"十二五"规划（国科发高［2013］110号）开篇指出：技术市场是科技成果转化的主要渠道，是引入市场机制对科技资源进行优化配置的重要平台，是促进科技与经济紧密结合的桥梁和纽带，是中国特色社会主义市场体系中重要的生产要素市场。由此可见技术市场发展的重要意义。

1. 我国技术市场发展概况

1980年，国务院颁布的《关于开展和保护社会主义竞争的暂行规定》提出：为了鼓励革新技术和创造发明，保障有关单位和人员应有的经济利益，对创造发明的重要技术成果要实行有偿转让。要提倡发扬社会主义协作精神，开展技术交流。该决定为技术商品入场交易和技术市场发展扫除了意识形态上的障碍。

1988年，我国最早的技术产权交易所分别在湖北武汉和四川乐山成立，之后各省市纷纷建立起技术交易市场。截至2010年年底，全国各种形式的技术交易服务机构近2万家，其中常设技术交易市场近200家，从业人员近50万人。尤其是在"十一五"期间，通过开展"国家技术转移促进行动"，共确定国家技术转移示范机构134家，成立技术转移联盟20家，建设中国创新驿站站点32家。

技术市场成交金额更能反映技术市场发展的成果。图2-3为1990～2012年我国技术市场成交金额增长情况。从图2-3中可以发现我国技术市场一直呈稳步增长态势，2012年成交金额接近6500亿元。

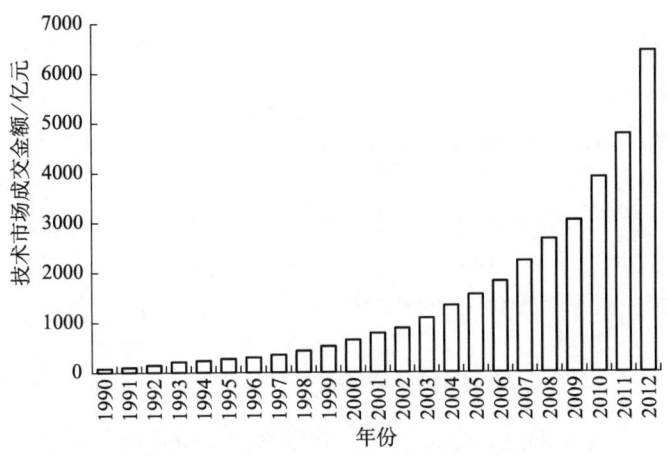

图2-3　1990～2012年我国技术市场成交金额
资料来源：中国科技统计网，http://www.sts.org.cn

按技术市场交易活动的类型来看，我国统计部门将技术交易的内容分为四类，分别为技术开发、技术转让、技术咨询和技术服务。其中技术开发是指由掌握技术的一方受另一方的委托，就某种技术项目所进行的研究、设计、试制、应用推广等活动的经营业务。技术转让是指技术成果由一方转让给另一方的经营方式。所转让的技术包括获得专利权的技术、商标，以及非专利技术（如专有技术、传统技艺生物品种、管理方法等）。技术咨询是指掌握技术和知识的一方受另一方的委托，提供各种可供选择的决策依据的一种智力服务形式，技术咨询的内容主要包括政策咨询、管理咨询、工程咨询等。技术服务是指拥有技术的一方为另一方解决某一特定技术问题所提供的各种服务，如进行非常规性的计算、设计、测量、分析、安装、调试，以及提供技术信息、改进工艺流程、进行技术诊断等服务。

图 2-4 为 1990～2012 年我国技术市场中各具体项目的发展情况。各项具体交易内容都保持增长趋势。其中技术开发和技术服务在技术市场活动中占比较大，而技术咨询占比最小。

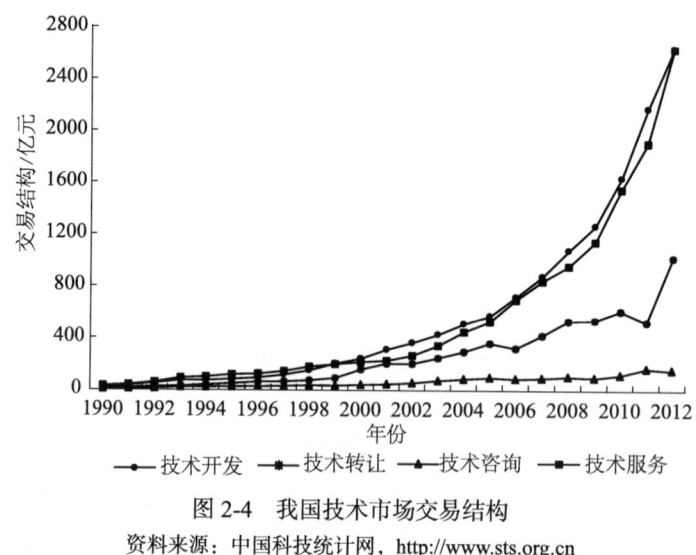

图 2-4 我国技术市场交易结构

资料来源：中国科技统计网，http://www.sts.org.cn

2. 我国技术市场提供的主要服务

技术商品具有无形性、高价值性、非竞争性、信息的不对称性、交易的不彻底性等特点，决定了技术商品的交易比一般实物商品交易更加复杂。因此，也要求技术市场提供更加专业有效的服务。我国各技术市场一般都成立了技术市场管理办公室，负责市场的运行与管理。具体来讲，我国技术市场机构主要为技术市场交易双方提供以下服务。

一是技术信息展示服务。技术市场是技术供给和技术需求信息展示的平台。技术市场通过收集技术供给方提供的技术产品及服务内容并通过不同形式在市场中进行展示，便于技术需求方获取相关技术信息，降低了企业的搜寻成本。同样，技术需求方也可以通过技术市场发布技术需求信息，以便技术供给方发现潜在的买家。现代信息技术的发展，使得网上技术市场得到快速发展，极大地方便了客户技术信息的发布和查询，其信息展示功能是以往传统形式不能比拟的。

二是技术价值评估服务。由于技术商品是以知识形态为主的劳动产品，其价值往往不易判断。技术商品交易过程中的信息不对称是阻碍其成交的重要因素。技术市场机构利用自身拥有的资源优势和便利条件，为企业提供技术咨询、评估服务。技术价值评估服务降低了技术交易的不确定性，有利于保证技术交易过程中的公平性，从而促进了技术交易活动。例如，上海市技术交易所于 2001 年成立了发展部，主要为企业引进技术开展技术评估服务，并协助企业进行技术合作谈判。2009 年，某化工企业欲与另一外资企业洽谈公司合作事宜，对自身拥有的自主知识产权生产工艺和流程没有清晰的价值估计，在谈判中处于不利位置。上海技术交易所组织技术力量对其进行评估，并出具第三方的较公允的评估报告后，谈判顺利进行，最终双方达成技术合作协议。

三是交易过程中的支持服务。技术市场交易活动涉及法律法规、合同文本、合同登记、合同执行、交易纠纷等问题，都需要专业机构提供相应服务。技术市场管理部门对交易的全过程提供专业支持服务，以利于技术交易达成、合同的执行和纠纷的解决。

3. 技术市场案例：浙江网上技术市场

浙江省市场经济起步早、民营经济发展全国领先。经过早期劳动密集型的发展后，浙江民营企业从 20 世纪 90 年代后期开始积极谋求技术升级、开始二次创业。由于多数企业自身技术力量薄弱，企业在技术创新过程中经常遇到各类困难，所以对外部技术支持的需求非常旺盛。同时，浙江省也是教育科研大省，高校数量较多，一些高校和科研院所实力较强，其中浙江大学综合实力在全国高校排名中处于前列。最初，由于缺乏有效的信息交流渠道，高校和科研院所对企业的需求缺乏了解，企业对高校和科研院所的技术成果也知之甚少，存在科技与经济脱节的情况。一方面，企业技术升级过程中遇到的难题，不知道到哪里寻求帮助；另一方面，高校和科研院所主要依靠政府获取科研经费，市场导向性差，研究方向往往偏离企业的需求，一些已有的科技成果也被束之高阁，不能及时产业化。

为更好地引导高校和科研院所与地方经济对接，加快科技成果产业化，服务企业技术升级，浙江省人民政府联合科技部和国家知识产权局于2002年共同主办了全国首家网上技术市场——中国浙江网上技术市场（www.51jishu.com）。网上技术市场利用现代信息技术改变了传统有形技术市场的组织运行方式，通过互联网将全省各市、县、开发区及各专业分市场，国内数万家企业、主要高校、科研机构、中介组织等连接起来，形成一个联系全国各创新主体，具备信息交流、交易、服务和管理等功能的综合性平台。

中国浙江网上技术市场实行免费会员注册，任何人只要同意会员协议，都可以很轻松地注册为会员。通常注册会员主要有企业、科研机构、高校、中介机构等。这些会员可以免费发布技术难题信息、技术成果信息、人才需求信息、招商引资信息、创新载体需求信息、创新载体签约信息、企业信息、高校院所信息、中介机构信息、专家信息等，经系统的组织处理后，即时在网上分地区分类别进行展示。同时，会员可以通过网站上的信息浏览功能按信息类型进行分类检索，能够非常便捷地查找到自己所需要的相关信息。通过信息发布和查询，供需双方有了初步的交易意向后，往往需要进行更深入的沟通。为方便供需双方进一步的交流，网上技术市场提供了文字、语音、视频交流技术和多媒体会议室服务，借助这些技术手段，供需双方可以进行即时洽谈，甚至可以利用系统提供的多媒体会议室组织多方洽谈。

除了充当信息平台的角色之外，中国浙江网上技术市场还可以为交易双方提供各种咨询服务。供需双方在交易过程中遇到的各种法律、政策、技术与风险评估、合同登记等相关问题时，可以直接通过系统界面的"咨询台"向该网上技术市场寻求咨询服务，也可以通过信息查询功能寻找在市场注册的其他专业科技中介机构提供的服务。

截至2011年，中国浙江网上技术市场拥有上网企业会员92 811家，大学及科研机构会员36 910家，中介机构10 763家，累计发布全省企业技术难题57 657项，科技成果148 937项，综合市场累计签约合同23 229项，成交金额212.32亿元，专业市场累计签约合同1398项、成交金额5.86亿元。总体规模和各项指标均保持全国第一。

二、生产力促进中心发展状况

1. 生产力促进中心的业务定位

为促进科技向生产力转化、组织科技力量推动企业技术进步，原国家科委在借鉴国际生产力促进工作经验的基础上，于1992年开始逐步推进生产力促进中心建设。同年，由科技部、山东省科技厅、威海市政府三方联办的中国首家生产力促进中心——山东生产力促进中心挂牌成立，这标志着我国生产力促进中心事业正式拉开帷幕。

生产力促进中心是一种重要的社会化科技服务组织。1993年国家科委发布的《关于建立生产力促进中心的若干意见》指出：生产力促进中心是面向企业，特别是面向乡镇企业和中小企业的新型综合性科技服务机构。其宗旨是以组织科技力量推动企业（特别是中小企业和乡镇企业）技术进步，促进企业建立技术创新机制，增强企业的技术创新能力和市场竞争力，提高社会生产力水平。基本功能是为企业提供综合性服务，核心工作是组织社会科技力量（人才、成果和信息）进入企业，逐步成为企业咨询、诊断的"智囊团"，企业技术开发的"后盾"，企业培育人才的"摇篮"，沟通企业与科技界联系的"桥梁"。

可见，生产力促进中心的业务范围较广泛。只要是企业在技术创新方面遇到的人才、技术、资金、市场开拓等障碍，都可以向生产力促进中心寻求支持。《关于建立生产力促进中心的若干意见》中，生产力促进中心的业务范围为：提供发展战略与规划服务，提供信息咨询、诊断服务，提供人才培训服务，导入新产品、新技术和新工艺，协助企业建立技术依托，协助企业开拓国际合作渠道，研究乡镇企业、中小企业发展态势，向政府提出建议，承担政府委托的专项事务、企业提出的其他服务及相关的生产经营业务。近年来，生产力促进中心协会从咨询服务、信息服务、技术服务、培训服务、人才和技术中介、培育科技型企业等六个方面对全国生产力促进中心的业务活动进行统计。2011年和2012年全国生产力促进中心的业务构成如表2-1所示。从收入结构来看，咨询服务、技术服务、培育科技型企业所占比重较大，占总收入的80%左右。

表 2-1　2011 年和 2012 年生产力促进中心服务内容及收入情况

服务内容	2011 年		2012 年	
	收入 / 亿元	比重 /%	收入 / 亿元	比重 /%
咨询服务	12.52	19.95	12.25	13.77
信息服务	2.17	3.46	1.39	1.56
技术服务	26.32	41.95	23.89	26.85
培训服务	3.87	6.17	4.99	5.61
人才和技术中介	4.64	7.39	4.14	4.65
培育科技型企业	13.23	21.08	42.30	47.55

资料来源：2012 年全国生产力促进中心统计报告

2. 我国生产力促进中心发展概况

经过近 20 年的发展，我国生产力促进中心在机构数量、从业人员、业务数量上都有了很大的增长。2012 年，全国生产力促进中心达到 2281 家，总资产达到 295.26 亿元，从业人员达到 29 771 人，共服务企业 379 840 家，联系科研机构 30 301 家，联系专家 87 146 人，取得服务收入 88.98 亿元。表 2-2 为 1998～2011 年全国生产力促进中心主要经济指标。

表 2-2 全国生产力促进中心主要经济指标

年份	中心总数/个	总资产/亿元	服务企业总数/万家	中心年总服务收入/亿元	为企业增加销售额/亿元	增加利税/亿元	为社会增加就业/万人
1998	254	13.5	1.9	2.2	177.0	18.0	5.7
1999	491	17.6	4.9	4.5	155.0	26.7	11.3
2000	581	27.8	3.4	8.9	388.0	57.0	28.0
2001	701	31.2	5.0	11.3	407.0	69.0	34.5
2002	865	61.4	7.8	10.3	300.0	45.0	48.1
2003	1070	67.0	6.5	13.6	477.0	66.0	150.2
2004	1218	77.1	9.2	18.7	642.0	88.1	175.3
2005	1270	90.6	9.7	18.4	1078.0	112.0	86.7
2006	1331	109.9	10.3	24.8	752.0	107.0	108.9
2007	1425	116.4	15.5	40.6	1299.0	193.6	110.6
2008	1532	162.5	19.0	30.4	1202.0	175.5	134.1
2009	1808	209.2	24.5	30.8	1796.0	208.2	165.8
2010	2032	157.1	24.5	38.4	1578.6	203.9	165.6
2011	2274	260.8	30.7	62.8	1918.2	284.0	180.0

资料来源：《中国科技统计年鉴 2012》

早期生产力促进中心定位为不以营利为目的的特殊事业法人，多数依托地方原科委下属的科技情报中心，采用"一个机构两块牌子"的形式组建。之后一些非政府资源开始进入生产力促进中心的建设，出现了以独立企业方式运行的中心，还有些中心则依托科研院所和区域或行业龙头骨干企业建立。生产力促进中心法人形式逐渐多元化，形成了企业法人、事业法人、社团法人、民办非企业法人及非独立法人的多种法人性质的中心共同发展的局面。2012 年，我国生产力促进中心法人组成情况见表 2-3，组建方式情况见表 2-4。

表 2-3 2012 年全国生产力促进中心法人组成情况

法人类型	数量/家	占比/%
企业法人	341	17.62
事业法人	1021	52.77
社团法人	26	1.34
民办非企业法人	183	9.46
非独立法人	364	18.81
合计	1935	100.00

表 2-4 2012 年全国生产力促进中心组建方式情况

组建方式	数量/家	占比/%
新组建独立机构	727	37.57
一个机构两块牌子	748	38.66
内设机构	460	23.77
合计	1935	100.00

3. 生产力促进中心案例：资溪面包生产力促进中心

资溪面包生产力促进中心位于我国面包之乡江西省抚州市资溪县，是一家服务于地方特色产业的专业性科技中介服务机构。该中心成立于 2007 年，依托原资溪面包行业协会组建。现有科技服务人员 82 人，多数具有大中专以上学历；总资产 1000 万元，其中技术装备 92 台，技术装备原值 300 万元，办公面积 5920 米^2。中心于 2010 年通过 ISO 9001：2008 质量认证，并入选省级示范生产力促进中心。中心现有信息部、培训部、对外交流部、技术研发中心等多个职能部门，为广大面包户及科技企业提供技术服务、咨询服务及信息服务，服务范围覆盖全国。

中心所在地资溪县是我国著名的面包之乡。面包既是资溪的特色产业，也是资溪的主导产业。全县 12 万人口中有 4 万人直接或间接在面包产业就业，面包产业的产值达到 40 亿元。并且，资溪人积极拓展外地市场，将资溪面包带向全国各地，现在在国内所有的大中城市基本上都可以买到资溪面包。如果将资溪面包产业看作产业集群，它有别于一般产业集群的最大特点在于该产业的生产销售环节遍布全国各地，但其主要的制作工艺、原料配备方法等技术都源于资溪。因此，为保证资溪面包产业的可持续发展，进行持续不断的技术工艺创新是其必然的选择。但是，由于面包产业自身的特点，企业规模普遍较小，缺乏创新相关资源，难以有效地开展创新活动。在这种背景下，资溪面包生产力促进中心（原面包行业协会）结合行业特点和企业需求，积极探索服务中小企业的新模式，拓展科技服务业务的新领域。

一是对传统技术进行开发与推广。中心组织技术力量对资溪面包经过长期的发展而形成的特有技术，如资溪小餐包、资溪果蔬面包等进行了总结提升，统一生产工艺技术标准；并编辑各种技术手册，录制了技术光盘等，使科技培训、科技推广更加科学化、规范化。

二是积极开展技术培训。中心针对不同层次的需求，2011年共开办了37期技术培训班，培训班坚持以培训和推广资溪面包特有技术为主，统一技术标准，规范制作要求，提高了培训技术水平。针对面包户遍布全国各地，回来参加培训困难，不能及时学习资溪面包的新技术和新产品的情况，中心开创性地开展了远程网络教育，在杭州、济南、贵阳、上海等工作站设立远程教育培训点。

三是开展技术推广活动。根据资溪面包人分布在全国各地，广大面包户长期在外经营的特点，中心通过设在全国的30个工作站不定期地以展示会、演示会、推介会的形式，开展科学技术讲座，进行新技术、新产品、新工艺的宣传与推广。

四是开展产权服务。中心整合资源，在资溪县工业园区内建立了知识产权服务站，通过这个服务平台，保护园区内企业和科技人员的智力成果，激发了专业人才的创新热情。据统计，资溪县工业园区2011年申请了四项技术专利，获得技术专利两项；企业新增商标设计12项，商标注册五项。

五是与企业结成长期服务合作关系，为企业提供全面综合服务。中心与全国39家面包企业建立了长期的合作服务关系。将其中10户企业确定为中心的重点服务对象，在国家产业政策、招商引资、人才引进、技术需求、新产品研发等方面为它们提供咨询和中介服务。

六是组织行业活动，推进行业交流。中心2011年组织23家企业和300多名面包户参加第十四届"中国国际上海烘焙展览会"，利用广大面包户在清明、中秋、春节等节日集中回乡的有利机会，先后举办了"安琪酵母全国烘焙大赛江西分赛区比赛""资溪面包——杭州艺发技术交流会"等科技交流活动。

三、科技企业孵化器发展状况

1. 科技企业孵化器的业务定位

1959年,美国人约瑟夫·曼库索将位于纽约州贝特维亚的一座闲置大楼分隔成许多小单元,分别租给不同的小企业,并向承租的企业提供融资、咨询等服务,由此诞生了世界上第一个企业孵化器。

科技企业孵化器是培育和扶植高新技术中小企业的服务机构。高新技术研究成果转化为生产力的必然途径是产业化,而产业化要经历企业创立的过程。新企业的创办是系统的工程,需要技术、人才、办公场地、管理、市场开拓等多方因素的配合。科技型新企业的创办者往往只拥有技术,而在其他方面是欠缺的。这种情况往往导致技术拥有者放弃创业的想法,或者是企业成立以后经营困难,成功率较低。因此,有必要为科技型初创企业提供必要的支持,科技企业孵化器正是适应这种需求而产生的。

孵化器通过为新创办的科技型中小企业提供物理空间和基础设施,提供一系列服务支持,降低创业者的创业风险和创业成本,提高创业成功率,促进科技成果转化,帮助和支持科技型中小企业成长与发展,培养成功的企业和企业家。在我国,科技企业孵化器还包括高新技术创业服务中心、留学人员创业园、国际企业孵化器等形式。

2. 我国科技企业孵化器发展概况

20世纪80年代中后期,随着我国经济体制改革和科技体制改革的不断深入,社会为科技人员或技术拥有者创办企业准备好了必要的制度条件。但如何为企业在初创阶段提供有力的支持是当时面临的重要课题。1987年5月,联合国开发计划署派专家来中国介绍国外孵化器发展的经验,受到国家领导人的重视。随后在1988年批准的火炬计划中将组建高新技术服务中心列为重要内容之一,视为发展高新技术产业的重要举措。由此从政策上确立了科技企业孵化器的重要地位和发展思路。

1987年,武汉东湖创业者中心成立,成为我国最早的科技孵化机构。之后,不同类型的企业孵化服务机构相继出现。1993年前后,清华大学、北京大学、东北大学、哈尔滨工业大学等一些高校开始自发地创办大学科技园。1994年,中国首家留学人员创业园——金陵海外学子科技工业园在南京高新区成立。1996年11月,国家科委在全国办得较好的高新技术创业服务中心中,选择苏州、北京、重庆、成都、武汉、天津、上海、西安的 8 个单位开展国际企业孵化器的试点工作。1997 年 7 月 15 日在西安正式成立了中国国际企业孵化器网络。到 2000 年，我国基本已建立起形式多样、门类齐全的科技企业孵化器体系。

近年来，随着我国创业风潮的兴起，科技企业孵化器的重要性得到广泛认可，增长非常迅猛，仅"十一五"期间孵化器发展规模就和前 20 年的总和持平。至 2010 年，全国纳入火炬计划统计体系的科技企业孵化器达到 896 家（其中国家级 346 家），孵化面积超过 3000 万米^2，服务和管理人员队伍达 1.5 万余人，在孵企业 56 382 家，其中留学生企业 7677 家，留学回国人员 16 184 人。我国孵化器的数量和规模均跃居世界前列。

3. 科技企业孵化器案例：武汉东湖新技术创业中心

成立于 1987 年的武汉东湖新技术创业中心位于武汉市东湖新技术开发区，是我国第一家科技企业孵化机构。中心成立之初，是一家副县级的事业单位，后经企业化改制，成立东湖新技术创业中心股份有限公司。经过 26 年的发展，东湖新技术创业中心已经成长为国内最具规模和竞争力的科技服务机构。中心除了在武汉本部拥有创业广场、大学生创业基地和 SBI 创业街，还分别在苏州吴江和成都建设了 SBI 创业街，现正在规划建设比利时中 - 比技术中心和云梦创业小镇。中心管理的孵化器面积超过 150 万米^2。中心旗下还拥有信物宝网络融资平台和巢购宝网络交易平台。到 2013 年年底，中心累计孵化科技企业 1626 家，孵化科技项目 1100 余项，毕业企业 817 家，其中一些企业已经成长为国内著名的企业，有效促进了科技向生产力的转化。

东湖新技术创新中心以服务中小企业创业为宗旨，为入孵企业提供全方位的服务。其业务活动大致可以归类为四类，分别为基础服务、创业服务、个性化服务和外包服务。基础服务主要是为创业企业提供生产生活等必需的基础设施服务，如物业服务、租赁服务、网络服务、商务服务、餐饮服务等。创业服务是东湖新技术创新中心的核心业务，主要为企业的创业过程提供各种指导与支撑，以引导企业成功创业，顺利毕业。创业服务主要包括投融资服务、人才培训服务、项目申报服务、市场拓展服务、大学生创业服务等。个性化服务的主要内容有异地市场接入服务、专家咨询服务和企业辅导服务。外包服务是中心利用自身行业经验管理经验，为国内其他科技孵化机构提供管理服务、咨询规划服务、开发建设服务、招商服务等。外包业务的开展，迅速拓展了中心的业务领域，使得中心经验得到了有效的利用。

为做好创业投融资服务，东湖新技术创业中心建立了多种融资渠道，不断丰富投融资平台。一是积极辅导企业申报各级创业创新基金。2013年34家在孵企业通过中心的辅导成功申报国家创新基金697万元，省、市、区各级支持资金610万元。二是积极拓展股权投资和债权投资渠道。中心联合各级政府部门、风险投资机构共同设立了总规模达到2亿元的东湖创业投资基金，为在孵企业进行股权投资拓宽了渠道。中心联合工商银行、民生银行等各大银行，成立了多种形式的统贷融资平台、中小微企业互助合作基金，通过多种形式引导各级金融机构为企业提供债权融资。三是在做好传统融资服务的同时，充分利用现代技术手段，开展融资业务创新。中心于2011年设立武汉信物宝电子商务有限公司，信物宝网上投融资平台正式上线。信物宝建立起了创业者和投资方之间的桥梁，创业者可以通过信物宝平台展示自己的创业计划，而投资方则可以寻找意向投资对象。2013年有262家企业通过信物宝申请融资总额5.7亿元，实际融资2.7亿元。

东湖新技术创业中心积极服务大学生创新。大学生创业"青桐计划"推出后，中心在大学生创业基地的基础上，新建了总面积超过6000米^{2}的新概念创业特区"One Dream"，打造大学生创业平台。可以为大学生创业提供创业场所、培训、项目路演和业务洽谈等综合服务。

东湖新技术创业中心在服务好本地企业创业的同时，充分利用自身的先发优势，积极拓展外地市场，开展异地孵化服务。中心在苏州投资6.5亿元建设了占地104亩的苏州东创科技园，在北京投资建设了燕郊东湖孵化器，在成都温江投资建设成都SBI创业街。以上项目建设都已经完成，项目进入营运阶段。到2013年年底，苏州东创科技园已有在孵企业326家，成都SBI创业街已有在孵企业53家。除了在国内开展孵化服务外，东湖中心还积极开展国际合作。在国家相关部委的支持下，中心启动了"中国·比利时科技中心"项目，在比利时投资建设比利时思沃研创产业园。思沃研创产业园的建设是中国科技孵化器首次进入国际市场。

第三节 本章小结

我国科技中介的发展历程大致可以分为摸索、政策支持、规划发展和效率提升四个阶段。经过30多年的发展，我国科技中介服务体系基本形成，并粗具规模。未来发展的主要方向是加快科技中介服务由规模扩张向效率提升转变。

技术市场、生产力促进中心和科技企业孵化器是我国主要的科技中介服务机构，构成了我国科技中介体系的核心层。本章分别对这三类机构的业务类型、发展状况进行了分析，并介绍了具体案例。

第三章
科技中介功能理论分析

本章首先介绍科技中介功能研究的理论基础。在此基础上分别从交易成本理论、信息不对称理论及创新系统失灵理论三个不同的视角对科技中介功能展开理论分析。

第一节 科技中介功能研究的经济学理论基础

一、资源有效配置的条件

人的需要是无限的，资源是有限的且有多种用途，因此，就产生了如何有效配置社会资源使之最大化满足人们需要的问题。经济学是研究资源配置效率的社会科学。经济学研究的基本范式是对理性人行为及实现目标时的均衡状态进行分析，在此基础上分析个人目标实现时能不能同时实现社会资源有效配置。经济学证明了在满足一些必要条件，如完全竞争、充分信息、不存在外部性、私人物品性质等，理性人在市场机制下的行为能够实现社会资源的有效配置。

资源有效配置包括两方面的内容：一为生产效率；二为配置效率。生产效率是指在既定技术水平下，所有商品都以最小的成本也就是最少的资源耗费生产出来。有没有实现生产效率的判断标准为企业生产成本等于长期成本最小值，即市场均衡时，每个企业都在长期平均成本的最小值处进行生产。经济学证明了完全竞争的市场达到长期均衡时，企业实现利润最大（虽然此时企业的经济利润为零）的产量所对应的平均成本最低。从而，完全竞争的市场能够保证资源使用的生产效率。这里的生产成本不能仅仅理解为企业生产过程中发生的成本，而应该包括从企业生产决策到生产再到销售整个过程产生的所有成本。生产效率都是指在既定的技术条件下的生产成本最低，外部技术条件甚至是交易环境发生变化，都可以改善企业的生产成本。交易成本就是企业生产成本的一部分，市场交易条件的改善，如中介机构的出现可以降低企业的交易成本，从而提高整个社会资源的使用效率。

配置效率则是指社会有限资源配置到各个行业有没有达到帕累托最优的状态。有没有实现配置效率的判断标准为 $P=MC$，即产品在市场上销售的价格等于生产商品的边际成本。由于 P 为消费者出价，代表了该商品带给社会的效用的大小。而 MC 为边际成本，代表着生产该商品耗费资源的多少。从机会成本的角度来看，MC 应该理解为生产该商品的资源如果用来生产其他商品进行销售，能够获得的收入，即消费者的出价是多少。因此，MC 可以理解为生产该商品的资源如果用来生产其他商品能够带给社会的效用大小。于是，实现资源配置效率时配置到各行业的最后一单位资源带给社会成员的效用应该相等。或者说各个行业的最后一单位商品带给社会的效用之比等于其所耗费的资源之比，即 $MU_1:MU_2:MU_3:\cdots=MC_1:MC_2:MC_3\cdots$。用边际替代率和边际转换率可表示为 $MRS_{12}=MRT_{12}$。如果配置到某一行业的资源过多，由于边际效用递减规律，最后一单位该商品带给消费者的效用会逐渐下降从而消费者出价会下降；同时，由于边际成本递增规律，最后一单位该商品耗费的社会资源会持续上升。从而，有 $P<MC$。意味着用来生产该行业最后一单位商品的资源如果用于生产其他商品就会带给社会更大的满足。反之，如果某种商品的生产量小于最优配置量，则 $P>MC$，则用来生产该行业最后一单位商品的资源比用于生产其他商品带给社会的满足更大。基于理性人的假设及边际成本递增假设，完全竞争的市场中厂商要实现利润最大，其要使得生产的最后一单位商品边际收益等于边际成本，即 $MR=MC$。由于在完全竞争的市场结构中，对于行业的每一个企业来说，都有 $MR=P$，所以厂商实现利润最大时，就有 $P=MC$，从而实现了资源有效配置。

市场机制实现资源的有效配置是建立在严格的假设条件下的，当某一个或多个条件得不到满足的时候，理性人的市场行为就不能够保证资源有效配置，即存在市场失灵。通常导致失灵的原因有市场结构问题、交易双方的信息不完全或不对称、商品生产或消费的外部性、商品的公共物品属性等。

从经济学的视角探讨科技中介的功能，就是要研究科技中介如何提高创新资源的经济效率。创新活动涉及知识的生产、开发、扩散及应用等内容，其中的每一个环节都要耗费相应的社会资源。创新活动的经济效率问题同样包括两方面的内容：一是生产效率问题，即创新活动是不是以最小的资源得以实现；二是配置效率问题，社会配置到创新活动的资源是不是恰当的，是过多还是过少？从经济学的逻辑来看，科技中介一方面可以降低交易成本从而提高创造资源的生产效率；另一方面可以一定程度地消除技术市场上的信息不对称导致的市场失灵问题，从而提高资源配置效率。以下分别介绍经济学里面的交易成本理论及信息不对称理论，之后会基于这两个理论分析科技中介的部分功能。

二、交易成本理论

科斯最早提出了"为什么存在企业"的问题，吸引了一大批学者对此问题的思考，同时也成就了一批著名的经济学家。对此问题研究的最大成果是厂商的合约理论。交易成本是厂商的合约理论的核心概念，事实上厂商的合约理论也被称作厂商的交易成本理论。该理论认为市场交易活动存在着各种成本，当交易成本高到一定程度时，通过市场购买商品不如自己生产商品，即通过纵向一体化来避免交易成本是有利的，由此出现了企业。但采用内部层级组织的形式又必须承担内部管理成本，内部管理成本与交易成本的权衡决定了企业的边界。

在《企业的性质》一文中，科斯认为交易成本是指为利用市场机制而支付的费用，是策划、签约及履行合同而支出的资源，主要包括信息成本、监督成本、对策成本等。科斯进一步指出交易方式及签订合同的具体性质决定了交易成本的高低。Arrow（1962）对交易成本的定义更加宽泛，他认为经济系统运行的所有成本都是交易成本。迪屈奇认为交易成本主要包括信息调查成本、谈判和决策成本，以及契约实施成本。Picot 则认为决定交易成本的主要因素包括交易的特殊性、交易的频次、环境的不确定性、技术限制及法律框架。

Williamson（1975）对交易成本产生的原因进行了研究，认为人性因素与交易环境因素交互影响下所产生的市场失灵现象是交易成本产生的主要原因。人们的机会主义行为，增加了交易的难度，从而导致交易过程中出现各种成本。为避免机会主义造成的损失，交易各方对契约内容会有更加严格和具体的要求，如更严格的商检标准、检验机构、索赔条款、抵押标准，并在契约执行过程中采取更大的执行力度，强化履行契约的行为。威廉姆斯归纳了导致交易成本的六个原因，见表 3-1。

表 3-1　交易成本产生的原因

原因	解释
有限理性 （bounded rationality）	交易主体因为身心、智能、情绪等限制，在追求效益极大化时所产生的限制约束
投机主义 （opportunism）	交易主体为寻求自我利益而采取的欺诈手法，同时增加彼此的不信任与怀疑，从而导致交易过程监督成本增加而经济效率降低
不确定性与复杂性 （uncertainty and complexity）	环境因素中充满不可预期性和各种变化，交易双方均将未来的不确定性及复杂性纳入契约中，使得交易过程增加不少订立契约时的议价成本，并使交易因难度上升
专用性投资 （proprietary investment）	某些交易过程的资产专用性太强，或因为异质性信息与资源无法流通，使得交易对象减少及造成市场被少数人把持，使得市场运作失灵
信息不对称 （information asymmetric）	环境的不确定性和自利行为产生的机会主义，使得交易双方往往握有不同程度的信息，从而使得市场的先占者拥有较多的有利信息而获益，并形成少数交易
气氛 （atmosphere）	指交易双方若互不信任，且又处于对立立场，无法营造一个令人满意的交易关系，使得交易过程过于重视形式，徒增不必要的困难及成本

如果将交易分成信息收集、谈判和契约执行三个纵向阶段。每个阶段包含不同的活动内容，需要投入的资源也各不相同，从而产生了不同类型的交易成本。①信息收集阶段，是指经济主体在搜寻潜在交易对象信息、相关价格信息、质量信息等相关信息。此过程中产生的成本可称为信息成本。②谈判阶段，经历信息收集阶段，找到潜在的交易对象后，需要与一个或多个潜在交易对象就交易内容、交易形式、交易数量等展开谈判，达成共识，形成合同条款。此过程产生的成本称为谈判成本。③契约执行与控制阶段。此阶段的主要内容是保证契约的内容得到完整执行，包括商品或服务的质量检测、交易时间的控制等，此阶段产生的成本包括执行成本及控制成本。各阶段交易成本的大小会受到诸多方面因素的影响。

交易过程中各个环节产生的成本都是社会资源的消耗，过高的交易成本意味着社会经济活动效率的低下。交易成本理论关注的焦点是厂商对市场的替代，是厂商基于对交易成本与内部管理成本的比较而选择的一种自发的趋利行为，或者说是成本节约行为。本书则主要关注与交易成本节约有关的另一个话题，即市场上第三方组织（中介）的出现如何节约交易成本，从而提高市场经济活动的效率。

三、信息不对称理论

信息不对称是指在市场活动中，交易双方对交易对象拥有的信息是不对称的，即一方拥有另一方不知道或者无法验证的信息和知识。信息不对称导致交易双方在市场上的逆向选择行为，市场均衡往往不能实现帕累托最优。

Akerlof 以"柠檬市场"（二手车市场）为例，分析了买方对商品质量缺乏足够的信息时出现的逆向选择问题。因为潜在的卖方与潜在的买方相比，对他们要出售的商品质量了解更多，他们存在选择质量最差的商品出售的动机。而潜在的买方知道卖方可能出售他们次品，他们将提供一个相对于被承诺产品质量更低的价格。糟糕的结果是，这种对缺乏信息商品的低评价将趋于自我强化，最终导致没人愿意供给高质量的商品，市场上将充斥着低质量商品。

逆向选择问题对供给方和需求方都将产生不利的影响，同时也导致了社会资源配置的无效率，具体来说就是配置到技术商品开发的社会资源太少。如果能通过某种机制消除交易双方的信息不对称，则可以改善由信息不对称导致的市场失灵问题。信号传递模型和信息甄别模型是经济学家分析信息不对称消除机制的两个基本模型，如表 3-2 所示。应该说信号传递机制和信息甄别机制一定程度上能够消除信息不对称问题，但都有各自的局限性。

表 3-2 信号传递模型和信息甄别模型

模型	信号传递模型	信息甄别模型
主动行动方	信息优势方	信息劣势方
信息不对称消除机制	具有信息优势的一方愿意采取可观察的、有成本的行动，向处于信息劣势的一方传递可信的有关私有信息的信号	没有私人信息的一方首先行动，通过适当的方法来诱使拥有私人信息的一方揭示其私人信息。
缺陷	技术商品信息的披露将降低需求方购买动力，技术供给方往往不具备发出有公信力的信号，技术需求方往往缺乏识别信号的知识和能力	供给方在谈判过程的地位、对风险的态度等因素会导致机制失效
主要研究者	司宾塞（Spence，1974）	罗斯查尔德和斯蒂格利茨（Rothschild and Stiglitz，1976）

信号传递是指信息拥有方采取可观察的有成本的行为，向处于信息劣势的一方传递可信的有关私人信息的信号。例如，在技术商品交易过程中，技术拥有方可在技术专利保护下，向技术需求方展示技术的相关内容，从而在一定程度上消除信息不对称。但通过信号传递是不可能完全消除技术市场的信息不对称的。主要原因包括技术商品信息的披露将会降低需求方的购买动力，技术供给方提供的信号公信力较弱，技术需求方缺乏识别信号的知识和能力。

信息甄别模型则是由信息劣势方主动行动，诱使信息优势方展示私人信息。在技术商品交易过程中,技术需求方可以通过设计不同的支付方式来诱使技术供给方展示其技术信息。如技术需求方可以提供两份交易合同,一份合同的支付形式为一次性支付,另一份则为按产出的一定比例进行提成。一般来说,高质量的技术商品供给方相信该技术市场前景较好,因而会选择比例提成方式。而低质量的技术供给方则对技术的前景缺乏信心,从而更愿意选择一次性支付方式。因此,比例支付方式也可以在一定程度上消除技术市场的信息不对称性。但是,高质量技术供给方是否会接受比例提成的支付方式还会与其在谈判中的地位、其对风险的偏好等因素影响有关。如果高质量技术供给方在谈判过程中处于有利地位或是其对风险持厌恶态度则往往不接受比例提成的支付方式,从而导致信息甄别机制失效。

第二节　科技中介功能研究的创新系统理论基础

一、创新系统结构与功能

在经过早期的线性创新模型、链环创新模型之后,人们认识到创新并不是企业为了获得垄断优势而采取的排外的封闭式线性过程(Mytelka and Smith, 2002),也不是从研发到生产再到销售的机械过程(Kline and Rosenberg, 1986)。创新的系统观认为创新是一个进化的、非线性的、企业和环境交互作用的系统过程。同时,创新是一个开放的过程(Smith, 2005),创新不仅仅来自于组织内部,也可以来自于组织外部(Chesbrough, 2003)。受制度主义学派思想的启发,创新的系统观强调了环境的重要性,创新环境不仅包括正式的制度环境(硬环境,如法律),还包括非正式的软环境(实践、理念、风俗、路径等)(Tödtling and Trippl, 2004)。

创新系统理论模型就是基于创新过程的系统观产生的。过去的30年里,关于创新及创新政策研究的最大进步在于创新系统理论的提出。从狭义的角度来看,Lundvall(1992)将创新系统定义为"涉及研究和开发的组织及机构,如R&D部门、技术中心和大学"。从广义的角度来看,Nilsson和Sia-Ljungström(2013)将其定义为"影响学习、研究及知识开发的经济与制度的所有方面的内容"。Nilsson和Moodysson(2011)将创新系统的组成部分分为三类:①生产机构(公司、企业);②知识基础(与知识生产与传播相关的机构,如大学、科研机构、培训机构);③支持机构(金融机构、行业协会等)。

最初，创新系统理论主要应用于国家层面，即由 Lundvall（1992）、Nelson（1993）等提出的国家创新系统（NIS）理论。国家创新系统理论相关文献研究发现不同国家在经济结构、R&D 条件、制度环境和创新绩效等方面存在着极大的差异。20 世纪 90 年代中期，Carlsson 和 Jacobsson（1994）研究了技术创新系统（TIS），发现各个不同的技术领域都有其独特的系统的结构特征。Breschi 和 Malerba（1997）、Malerba（2002）提出部门创新系统（SIS），主要从产业部门的视角思考创新系统，主要研究特定部门的同类企业是如何发展和组织产品生产的，以及部门的技术是如何得到开发和利用的。Autio（1998）、Howells（1999）及 Doloreux（2002）等学者提出了区域创新系统（RIS）的概念，这些学者相信由于产业的专业化、知识溢出的空间边界和政策范围的有限性，区域维度在创新系统中起着重要的作用。虽然国家创新系统、部门创新系统研究的维度不同，但它们的理论框架是一致的，并且各个维度的创新系统是相互影响的（Pavitt，2005）。

"主体-结构"分析与功能分析是区域创新系统研究的两大主题。创新系统的结构是指构成系统的各要素在空间或时间方面相互联系与相互作用的方式或顺序。从一定程度上说系统的结构决定了系统的运行机制。Autio（1998）认为创新系统由知识应用、知识生产和知识扩散三个子系统构成。知识应用子系统由企业、客户、供应商、竞争者及合作伙伴等构成。通常，知识应用子系统的各个主体形成垂直及水平的关系网络。知识生产和扩散子系统是创新系统中的另一个重要模块，主要有公共研究机构、高等院校、劳动力中介机构、技术中介机构与组织等。这些机构的主要功能是进行知识的生产并将知识推广、扩散。Asheim 和 Isaksen（2002）认为创新系统是由支撑机构围绕的两类主要主体，以及它们之间的互动组成的区域集群。第一类主体是区域内主导产业集群及其支持产业的企业；第二类主体是制度基础，如研究和高等教育机构、技术中介机构、职业培训机构、行业协会和金融机构等，这些机构对区域创新起着重要的支撑作用。Andersson 和 Karlsson（2002）认为产业集群中的企业是区域创新系统的核心。制度作为必要的组成部分和"游戏的规则"，用以促进合作与知识的溢出和传播，同时，知识和技术的基础组织，如金融机构等则辅助企业的创新。创新系统结构分析强调了系统内各创新主体包括企业、高校科研机构、金融机构、政府部分、行业协会、科技中介机构之间进行密切的交流与合作。各种主体在创新过程中充当不同的角色，发挥不同的功能。科技中介机构就是其中重要的部门之一，其充当的角色和完成的功能是其他部门不能够替代的。

创新系统的功能可以从总体功能和具体功能两个层面来理解。Edquist（2004）认为创新系统的总体功能是促进技术的开发、扩散和应用，而具体功能则是指为实现总体功能而进行的一些活动与过程。如 Bergek 和 Jacobsson（2008）等人将创新系统的功能定义为对技术开发、应用和扩散产生影响的关键过程，刘立（2011a）则认为创新系统的功能是系统中发生的对创新绩效和能力产生影响的重要活动和过程，显然都是从具体功能的层面来理解的。

学术界在创新系统总体功能的界定上观点是比较统一的，但对具体功能的理解则仍然处在不断发展和深入的过程中。Borrás 和 Edquist（2013）认为创新系统主要通过十种活动（具体功能）实现技术开发、扩散与应用的总体功能。清华大学科学技术与社会研究中心刘立（2011b）教授联系发展中国家特别是中国的实际，把创新系统的具体功能从需求、供给和基础设施三个方面进行了分类总结。Nilsson 和 Sia-ljungstöm（2013）认为区域创新系统具有八项具体功能，并对这些功能及产出进行了描述，见表3-3。

表3-3 区域创新系统功能

区域创新系统主要功能	功能描述	主要产出
知识开发与扩散	创造新的知识，促进知识与信息的流动	通过R&D、学习模仿等活动获取和散布科学、技术及市场等相关知识与信息
创业功能	创造新的企业	新的企业、业务或部门
基础设施提供	开发、维护区域创新活动所需要的基础设施与部门	硬设施如实验室、中试机构、道路等；软设施如科研团队、教育机构、创新中介机构等
促进资源流动	开发和吸引与区域创新发展相关的人力、财力、物力等要素	劳动力市场（技术人才、专家、熟练劳动力等）、金融资本（如风险投资资金）、配套要素（如相关支持服务、投入物）
研究引导功能	通过引进外部专家解决区域存在的问题；通过规划、目标设定等手段引导区域内的主体关注特定问题与发展机会	发现问题与机会，引导相关主体关注并解决问题
市场识别与形成	识别市场机会，通过激励手段促进本地市场的形成	商业机会的识别，刺激或创造本地市场
合法性的确立	合法性的确立	内部：战略统一、联合愿景、共识形成 外部：对外树立区域形象、区域品牌等
主体协同功能	促进区域创新系统内外各主体的联合行动	协同或联合创新活动，如联合产品开发、联合R&D活动、共性技术开发、游说活动等

二、创新系统失灵

为使学术研究更具有实践指导价值，近年来创新系统研究领域出现了一种新的研究思路，即从创新系统失灵（systemic failure）[①]的视角研究创新系统。系统失灵研究的基本方法是：针对所定义的系统，包括该系统底下的相关组织与机构（institutions），完整地观察该系统底下所涵盖的活动（activities），发掘并指出该系统所存在的缺陷（deficiencies），再进一步拟定相应的政策工具和解决措施（林欣吾，2006）。创新系统失灵的研究思路认为创新系统可能存在着不同的问题，因而不存在适合所有系统的全能创新政策（Tödting and Trippl，2005）。政府在提供创新相关的政策和服务前需要首先明确系统失灵的表现形式，并将其作为出台政策措施的指导依据。基于系统失灵的系统化创新政策设计范式是对传统基于市场失灵的新古典主义创新政策范式的一次重要突破（Woolthuis et al.，2005）。

Negro（2012）将创新系统失灵定义为阻碍创新系统运行和发展的所有系统性因素。本书认为按照系统"主体-结构"决定功能的逻辑，创新系统失灵可以定义为系统要素缺失或结构问题，使得创新系统的一些对创新绩效和能力有重要影响的活动或过程不能够发生，最终导致区域创新系统总体功能难以有效实现和效率缺失。一些学者对创新系统失灵的可能形式进行了归类，见表3-4。综合这些学者的观点，创新系统失灵的表现形式大致可以归纳为主体交互关系失灵（弱关系失灵和强关系失灵）、制度失灵、基础设施失灵及主体能力失灵。

1. 交互关系失灵

交互关系失灵是指创新系统主体之间的交互关系出现问题从而阻碍了创新。创新系统中各主体之间的联系、交往与协作是知识演化与扩散的前提。杨瑞龙和冯健（2004）指出，处于网络关系中的企业可以通过彼此之间的知识学习来更新各自的知识集合，通过取长补短拓展各自的技术选择组合。通常认为，创新主体之间的交互关系应该保持一个合适的度，过于松散的联系和过于紧密的联系都会阻碍创新。前者可被称为弱关系失灵，后者则可被称为强关系失灵。

（1）弱关系失灵。弱关系失灵表现为构成创新系统的各要素之间的交流与学习网络关系薄弱或缺失，不利于信息的深层次交流、思想的碰撞和新奇观点

[①] 国内有些学者将其翻译成创新系统失效，与之类似的概念还有 innovation system problem，innovation system imperfection，innovation system weakness。

的产生。同时也表现为行为主体信任关系的缺失，从而不利于交易成本的节约。创新系统的主体功能就是知识生产、扩散与应用。这种功能是在各创新主体的交互关系中得以实现的。这种交互关系可能是市场交易关系，如技术商品的买卖；也可能是正式的合作关系，如产学研机构的联合研发活动；还可能是非正式的交流关系，如企业和个人之间的交流活动产生的知识外溢效应。无论是哪种形式，都要求在主体间建立起能够进行信息、资源等交流的网络关系。否则将不利于创新的发生。譬如，如果不能建立起消费者和生产者之间的信息交流关系，企业将不能开发出满足消费者需要的产品；如果不能建立起知识需求者（企业）和知识生产者（科研院所）之间的关系，知识生产者就没有明确的方向，即使开发出了技术产品，往往也与企业需求脱节，只能束之高阁；如果不能建立起产业界与政府之间的联系，则政府不能出台相应的区域创新政策。总之，如果创新主体之间缺乏良好的互动关系，就不能实现信息、知识、资源的互补，从而阻碍创新系统功能的实现。弱关系失灵较多出现在区域和产业集群发展的起步阶段。

（2）强关系失灵。强关系失灵是指系统没有与外界建立起良好的交流关系。系统内各主体交互关系过强，可能倾向于形成封闭的团体，成员不愿退出团体，也不愿新的成员加入。这种状况导致创新主体的短视和惰性，只关心自己擅长的事情，而对外部世界技术、知识的发展缺乏足够的关注。同时，长期稳定和紧密的合作关系网络，容易使得创新系统内企业和机构具有一致的行为方式和思考模式，会抑制新奇想法的产生，缺乏创新动机和活力。而且，从物质技术的角度来看，系统内企业围绕着某一特定的创新价值链建立起过于密切的合作关系，将会增强资产专用性及企业核心竞争力刚性，从而难以适应新技术的要求。由此可见，创新系统内各主体的交互关系过于紧密同样存在风险，有可能导致企业和系统长期锁定在既有的技术路径和组织模式下。这种状况在社会学里也被称为过度根植（over embeddedness）或社会依赖（social liability）。Woolthuis等（2005）认为导致弱关系失灵的一个重要原因是创新系统缺乏充当与外界联系作用的"桥"的角色。强关系失灵在一些老的工业区和处于衰退阶段的产业集群表现比较明显。

2. 制度失灵

因为创新系统理论非常重视制度的重要性，因此，表3-4中所有的文献都提到了制度失灵。Johnson和Gregersen（1995）将制度失灵区分为正式制度失灵和非正式制度失灵，而Carlsson和Jacobsson（1997）则区分为硬制度失灵

表 3-4 区域创新系统失灵的主要形式

系统失灵形式	OECD, 1997	Smith, 2005	Jacobsson and Johnson, 2000	Woolthuis et al., 2005	Chaminade and Edquist, 2006	Foxon and Pearso, 2006	van Mierlo et al., 2010	Weber and Rohracher, 2012
硬制度失灵	知识生产与应用不匹配 技术不能有效转移	制度失灵	法律失灵 教育系统失败	硬制度失灵 软制度失灵	制度问题（硬） 制度问题（软）		制度问题（硬） 制度问题（软）	制度失灵
软制度失灵								
市场结构问题			不能明确市场需求 经济规模问题			抄袭仿造 负外部性	市场结构问题	
能力问题	企业的信息收集与吸收能力问题			能力失灵	能力和学习问题		能力问题	
知识基础设施和固定基础设施		基础设施供给失灵		基础设施失灵	基础设施供给与投资问题		知识与固定基础设施问题	基础设施失灵
过强或过弱的交互关系	行为者交互关系缺失		联系不紧密 对未来市场错误的引导	交互网络问题 强网络失灵与弱网络失灵	网络问题 协同问题	关系失灵（太强或太弱）		
转型失灵		转型失败			转型失败			调整失败
锁定		锁定失灵			锁定问题			锁定失灵

资料来源：Negro et al, 2012

和软制度失灵，Edquist等（1997）则将其称作有意识创造的制度失灵和自发演化的制度失灵。虽然名称各异，但代表的内涵是一致的。正式制度指有意识创造的以法律文本形式表现的硬制度；而非正式制度则是指长期自发演化的社会规范、价值观念、文化等软制度。一些正式制度，如技术标准、劳动法规、健康安全法规、知识产权法等可能会阻碍创新系统知识生产、扩散与应用，可称为正式制度失灵。系统内人们的价值观念、文化氛围、对风险的态度、资源共享的意愿等形成了人们的行为指南和游戏规则。如果一个地区的非正式制度与现代社会创新的要求背道而驰，就会不利于创新的发生，可称为非正式制度失灵。从技术-制度复合体的视角来看，可以将技术看作是生产力，将制度看作是生产关系。技术的发展决定制度的发展与变革，而制度的变革往往存在滞后性，从而阻碍了技术创新，即此处提到的制度失灵。现实经济中存在着很多制度失灵的例子，如中国的电力法阻碍了光伏在中国的应用，交通安全法规阻碍了无人驾驶汽车的使用等。与创新直接相关的一项制度安排是知识产权保护制度，知识产权保护制度的缺失会导致相关主体缺乏创新激励，而过长的专利保护期则不利于知识的扩散，形成专属权陷阱。

3. 基础设施失灵

基础设施，包括公共基础设施和知识基础设施，是企业日常运营和长久发展的必要条件。基础设施失灵是指系统的基础设施供给不足，难以满足企业经营和创新的需要，从而阻碍了企业的创新行为和区域经济的发展。这里公共基础设施主要是指与社会运行相关的道路交通、供水供电、通信网络等。而知识基础设施则是指与知识生产、扩散及应用相关的一些基础设施，可分为物质形态和非物质形态，前者如专业化的实验室、工程测试机构及设备，后者如教育培训组织、科技文献、科学数据、产品标准、行业信息等。

一般来说，基础设施具有较强的正外部性，但同时又具有投资规模大、建设周期长、资本回报率低等特点，私人部门参与基础设施建设的意愿不强。因此，通常需要政府进行投资建设。一些落后地区由于经济实力不强，财政吃紧，往往比较容易出现基础设施失灵的情况。

4. 能力失灵

企业创新能力是支持企业创新战略实现的能力（魏江和许庆瑞，1995）。资源基础理论认为能力是建立在资源基础之上的。区域创新系统的能力失灵是指作为创新主体企业尤其是中小企业由于资源的限制或是思维方式的约束，从而难以实施有效创新活动。

从创新的过程来看,从最初的市场信息搜集、商业机会发现、产品开发设计、中试、检测、批量生产到最终的销售渠道的建设,每个环节都要投入相应的资源,包括各种类型的人力资源、信息资源、知识资源、资本资源等。企业尤其是中小企业由于自身实力的限制,往往难以组织创新活动所需的所有资源。任何资源的短缺都会成为企业创新的障碍,阻碍企业的创新进程甚至导致创新活动的失败。而且,如果企业评估到自己没有实力开展某些创新活动时,可能根本就不会去开展创新,即连创新的动机都没有了。创新能力还与企业的管理相关,如企业发展战略取向、价值观、激励机制等。

Madrid-Guijarro 等(2009)通过与西班牙穆尔西亚地区 294 位中小企业管理人员的深度访谈,发现导致中小企业面临创新困难的主要因素包括缺乏政府支持、缺乏市场信息、区域创新基础设施薄弱、缺乏技术信息、没有合适的创新合作伙伴、高成本、创新成本难以控制、风险太高、缺乏创新人才、融资难、人才流失、缺乏内部员工培训、员工抵制和管理人员的抵制等。清华大学经济管理学院曾对我国 1051 家企业开展技术创新活动情况进行调查,调查结果见表 3-5。比较客观地反映了我国中小企业在技术创新活动中遇到的各种类型的创新能力瓶颈。中国企业联合会、中国企业家协会对中国企业 500 强自主创新情况的调查则表明我国大型企业创新能力面临的主要问题依次为内部激励机制不完善,缺乏高素质人才队伍,缺乏创新意识,组织机构不健全,缺乏自主创新经验,急功近利,缺乏动力,企业产权结构不合理,见图 3-1。

表 3-5 我国中小企业创新活动遇到的主要障碍

	障碍因素	所占比例 /%
资源制约	缺乏创新资金	72.7
	研究开发太少	37.6
	缺乏创新人才	51.0
	缺乏技术信息	35.9
	缺乏市场信息	31.5
	消费者不接受	11.8
	销售网络不能适应	23.2
	创新时机难以把握	23.3
管理能力制约	容易被模仿	19.8
	企业产权不明确,奖励不到位	26.5
	科研人员与工人缺乏配合	8.3

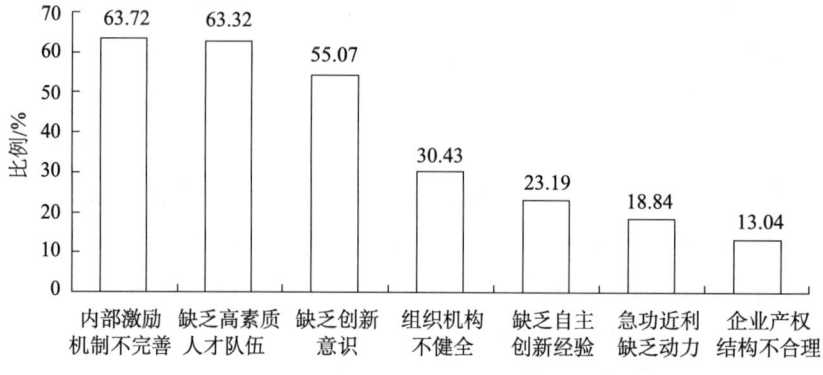

图 3-1 中国企业 500 强创新活动遇到的主要障碍

第三节　基于交易成本理论的科技中介功能分析

技术商品与一般的商品存在很大差异，是一类特殊的商品。技术商品的特殊性主要体现在其形态的多样性与复杂性、出售的反复性、所有权的垄断性、价值的时效性、开发和持有的风险性、使用价值的间接性和共享性、自身的公共物品属性等（谭开明，2008）。技术商品的这些特殊性决定其交易过程的复杂性和技术合约的特殊性，最终使得技术商品交易成本往往很高（图3-2），甚至有些时候交易无法完成。

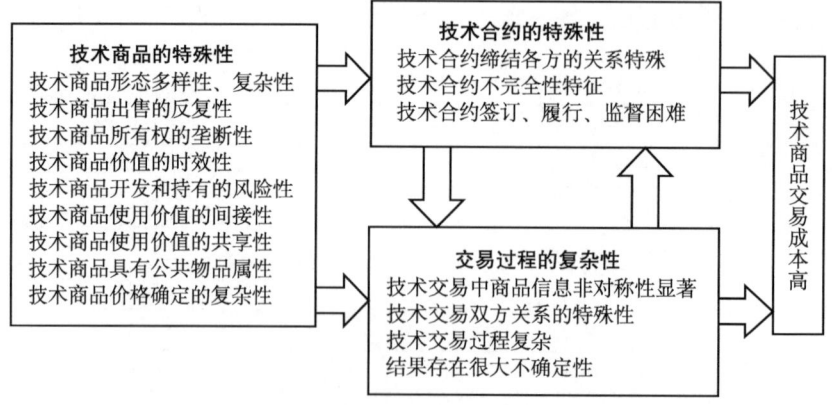

图 3-2 技术商品特性与交易成本的逻辑关系

作为连接市场交易双方的中介机构，专业从事贸易的中介活动，在一定程度上能够减少社会交易成本。科技中介机构的存在能够节约交易成本可以从两方面理解：一是科技中介机构可以改善技术市场的结构；二是科技中介机构可以协调技术供需方行为的不一致性。

一、科技中介通过改善市场交易结构节约交易成本

首先,科技中介可以通过 Baligh-Richartz 效应改善市场交易结构。Baligh-Richartz 效应如图 3-3 所示。假设市场中潜在供给方数量为 m,潜在需求方数量为 n。在没有中介机构存在的情况下,为买到合适的商品,需求方需要比较每个供给方提供的产品是否符合自身的需要、价格是否合理。同样,供给方为了实现利润最大化,也会尽力找到最合适的买家。因此,在整个经济系统中,市场供需双方建立的联系总数为 mn。虽然实际的情况可能是买方只与其中某家或某几家供给方进行了交易。但不可否认的是,至少在买方做出交易决策之前,买方会尽可能多地收集所有卖方的信息甚至进行过实质的联系。这样的分析同样适用于卖方。而这种过程同样是需要成本的。在中介存在的情况下,供需双方可以通过中介机构发生联系。此时,经济系统中供需双方的联系将减少为 $m+n$,即供给方与中介之间的联系数为 m,需求方与中介机构之间的联系数为 n。如果假定每次联系的成本都为 C_f,则在 m, n 都大于 2 的情况下,$mn>m+n$。因此,只要经济系统中买方和卖方的数量都超过 2 时,中介机构的存在能够为整个经济系统节约交易成本 $(mn-m+n)C_f$。

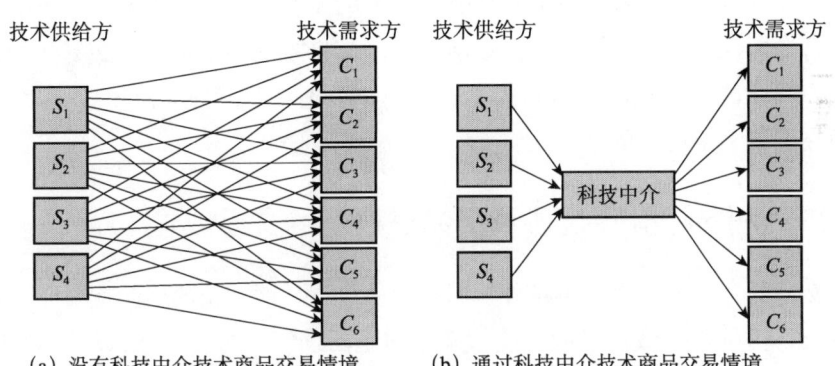

(a) 没有科技中介技术商品交易情境　　(b) 通过科技中介技术商品交易情境

图 3-3　科技中介降低技术商品交易成本的 Baligh-Richartz 效应

资料来源：Rose, 1999

交易类科技中介机构的一项主要功能就是充当科技信息的平台。一方面将各类技术供给信息进行收集、归类；另一方面又收集技术需求方的信息。技术供给方和技术需求方都可以通过科技中介这个交易平台寻找自己的交易对象,而不必逐一寻找交易对象,从而节约了交易成本。

其次，科技中介可以通过交易的网络效应改善市场交易结构。通常，市场交易活动具有网络效应，随着交易数量的增加，单位交易的成本是下降的。比如，仓储选址理论中，交通仓储的存在可以降低企业的交易成本。原因在于交通仓储的存在使得企业可以实现规模运输，而不必针对每次交易都进行单独的运输，从而节省了交通成本。中介机构在一定意义上充当了交通仓储的功能。对于一般物质商品的交易，中介机构将分散的交易集中起来，使得单次交易的成交数量增加。同时中介机构能够协调交易各方的行为，进行统一的商品存储与运输，从而降低交易的执行成本。对于技术商品而言，商品的运输成本可能占其价值的比例较小。但科技中介机构同样通过集中交易增加成交数量，降低交易成本。比如，科技中介机构可以通过组织技术交流会的形式，将各个技术需求方在同一时间集中起来，统一向他们展示相关技术商品信息。

科技中介机构要实现市场交易结构的改善，需要事前进行相关专用性资产的投资，如专门从事中介交易的人力资本投资、技术商品需求与供给信息数据库的建设、关系网络的建设与维护、专用品牌建设等。在多数情况下，只有当交易达到一定规模并重复进行的时候，这些专用性资产的投资在经济上才是可行的。无论是对于交易的买方还是卖方，如果交易频次很低或交易规模较小，专门进行此类专用性资产的投资都是不经济的。因此，交易性专用性资产投资会在一定程度上阻碍技术商品直接交易行为的发生。但是，如果由科技中介机构进行专用性资产的投资并承担风险，由于其将零散的技术商品交易活动集中起来，因而能够将成本分担到各个通过中介实施交易活动的市场参与者身上，从而在经济上是可行的。

二、科技中介通过协调交易过程节约交易成本

交易的不同环节会产生各种不同的交易成本。而产生成本的重要原因是供需双方行为的不一致性，如对技术规范的不同理解、对合同条款的不同解释、对权利义务的不同界定等。在技术商品交易的各个阶段，科技中介为交易双方提供不同的服务，协调供需双方交易过程的不一致性，从而节约交易成本。

1. 搜寻与匹配

在信息搜寻与匹配阶段，技术商品的供给方和需求方可以不利用中介自己来寻找合适的交易伙伴，如果交易双方都能满足对方的要求，则实现了交易对象的匹配。但是，信息搜寻与匹配过程是要耗费资源的，需要通过一定的关系

网络来实现。如前所述，关系网络也是一种专用性资产。在交易数量没有达到一定规模之前，每个需求方或供给方都进行这样专用性资产的投资显然是不经济的。而由专业从事交易中介服务的科技中介机构则可以利用自身的规模效应，将市场上相关的技术需求信息和供给信息集中起来，建立自己的技术供给与需求信息库。如果科技中介机构的信息库达到一定规模并已经建立了必要的声誉，让社会上的技术供给方和需求方相信通过中介机构能够实现交易对象的匹配。则这些交易主体会选择通过中介机构而不是自己来实施交易对象的信息搜集与匹配工作。这样就避免了分散交易下各个经济主体都进行专用总资产投资的状况，从而为交易双方节约专用性资产投资的成本。

通过科技中介进行交易对象的搜寻与匹配还可以缩短供给双方等待交易的时间，从而节约时间的机会成本。因为科技中介机构的信息库中由大量的技术供给和需求信息，从而增加客户技术供给方与需求方匹配的机会。技术需求方如果自己去寻找合适的技术供给方，通常是逐个联系，来回比较，这是一项非常耗时的工作。而通过科技中介，只需要打开技术供给信息库，就会出现大量相关供给方的信息，可以进行综合比较，大大缩短了信息搜集与匹配的时间。而对于技术商品而言，其价值的时效性往往比一般物质商品更强，即其价值会随时间推移而快速贬值。在现代技术快速更新的背景下，技术商品的拥有者如果不能及时将技术转让产业化，可能会失去市场机会与价值。从需求方来看，其所以通过市场来购买技术，往往是因为该技术对其开发新产品尽快占领市场非常重要。因此，无论是技术商品供给方还是需求方，其等待交易的时间机会成本都是很高的。

2. 监管与保证

技术商品与一般商品的一个不同之处是其往往表现为知识的形态，很难用物理、化学等标准衡量其价值。通常技术供给方因为是技术开发者，因此，其对技术商品具有更多的信息。而技术的需求方往往对技术产品缺乏必要的信息。技术商品交易中，买方对技术商品价值的判断是交易达成的前提，因此，技术需求方会尽力去获取技术商品的相关信息以对其价值进行测度。但是，技术商品形态的特殊性，决定了其价值的测度是非常专业的工作，往往需要具备专业知识的人才能完成。而专家同样是一项专用性资产，对专家的投资导致了技术价值评估过程中存在着较高的交易成本。此时，如果通过科技中介机构完成交易，则可以避免对专家的投资从而节约交易成本。技术质量的评估受许多确定因素和不确定因素的影响。如果能够像一般商品那样，可以以较低的成本获取这种专门知识，就可以减轻或消除技术市场中的逆向选择现象。然而，有效的技术质量评估需要投入大量的专业知识，以缩小和技术卖方在交易技术上的信息差距。这种专门知识就单一技术而言通常是一种高成本的投入，并且对于某一特定的企业而言可能只具有一次性的使用价值，这样就造成技术评估成本（测度成本）过高，企业不愿意或无能力获取所需的评估技术。董正英（2003）认为这是技术交易过程中出现逆向选择的重要原因。

除了可以对技术商品价值提供测度服务外，科技中介机构还可以通过其声誉对技术商品或技术服务提供保证，从而降低交易成本。专业的科技中介机构由于长期从事专业的中介服务，对其自身的声誉非常重视。科技中介机构的声誉也是其专用性资产的一部分，偶尔的投机或败德行为会对其声誉造成非常大的损害。因此，中介机构本身往往就是信誉与质量的保证。

3. 谈判与合同签订

在技术商品需求方和供给方初步确定交易对象之后，就需要就交易的具体内容展开深入谈判并签订协议。谈判的主要内容包括交易对象的界定、排他性条款、价格、支付方式、保证与仲裁方式等。协商阶段发生的成本来自于对合同条款的协商产生的成本，这种成本的发生由合同条款的复杂性所决定。由于技术的生产和应用存在不确定性，加上买卖双方不可能准确预见未来，合同条款也不可能无所不包，从而增加了该阶段的交易成本。同样由于科技中介机构长期从事技术商品的交易活动，其对交易双方关注的合同细节有清楚的了解。在交易过程中，往往为交易双方提供标准化的合同文本，从而减少了合同谈判阶段的时间和成本。

综上分析，科技中介组织能够通过改善市场的交易结构和交易中的不同环节协调交易双方的行为，从而降低技术商品的交易成本，如表3-6所示。降低技术商品的交易成本是科技中介机构的主要功能之一。

交易成本是一种非生产性的成本，即其直接耗费了社会资源而不创造价值。因此，科技中介机构降低交易成本的功能可以提高社会资源的使用效率。一方面，有益于加快和促进现有科技成果的产业化。由于交易成本高，一些高校和科研院所不少科技成果被束之高阁、不能有效地转移到生产领域。交易成本的降低有利于这些存量技术的产业化。另一方面，交易成本的降低，意味着科技创新活动生产成本的下降，生产成本的下降将改变技术市场原有的均衡，将会有更多的资源进入科技创新活动，从而提高整个社会的知识产出和创新能力。

表 3-6 科技中介与技术商品交易成本节约

项目		科技中介服务	节约的交易成本类型
改善市场结构	Baligh-Richartz 效应	建立和管理供需平台	联合交易成本
	网络效应	组织技术交流会	联合交易成本
协调交易主体行为的不一致性	搜寻和匹配	建立技术供给和需求信息库，技术经纪人	搜寻成本 时间的机会成本
	检测和保证	为技术商品价值评估提供专家服务，以自身声誉为技术质量提供保证	监控与控制成本 信息不确定性导致的成本 专业人力资源投资成本
	合同签订	就供需双方合同条款进行协调 标准化的合同文本	谈判成本 监督成本

第四节 基于信息不对称理论的科技中介功能分析

一、技术商品市场的信息不对称及其影响

技术商品比一般商品存在着更严重的信息不对称。首先，信息不对称是技术交易发生的前提。技术商品本身就是信息，如果买方和卖方拥有该技术的信息量是相同的，则该技术就失去了价值。正因为卖方比买方拥有该技术更多的信息，其才可以向买方要价，技术商品交易才可能发生。其次，买方购买技术商品是服务于其商业创新的需要，但创新本身就具有很大的不确定性。技术商品商业化获得的收益与市场环境、竞争对手、经济周期相关，具有极大的不确定性。这种不确定性使得即使是在交易完成后，对技术商品质量的认定工作仍然非常困难。

技术交易过程中的信息不对称使得技术市场存在严重的逆向选择问题，购买方不愿对他们不确定但事实是高质量的技术商品提供合适的价格，而技术供给方则不愿提供高质量的技术商品，如此恶性循环。逆向选择问题阻碍了科技成果的产业化，降低了社会福利。而且，由于技术供给方不能通过技术市场实现其技术商品的价值，意味着技术开发行为不能得到合理的回报，即市场激励功能失效，打击了技术供给方进一步开展研发的积极性。

下面对三种情境下的技术市场均衡状况进行比较，以说明技术市场交易双方信息不对称导致的社会福利损失问题。

假设在技术交易市场同时存在高质量和低质量的两种技术商品。其中高质量技术商品的数量为 Q_h，低质量技术商品的数量为 Q_l；技术需求方认为高质量技术的价值为 V_{hb}，低质量技术的价值为 V_{lb}，$V_{hb} > V_{lb} > 0$。技术供给方认为高质量技术的价值为 V_{hs}，低质量技术的价值为 V_{ls}，$V_{hs} > V_{ls} > 0$。同时对供需双方而言，有 $V_{hb} \geq V_{hs}$，$V_{lb} \geq V_{ls}$，即两种技术对买方的价值都要大于等于对卖方的价值，这是交易可以发生的前提。买卖双方进行交易都会有成本，分别为 $C_b > 0$，$C_s > 0$。

1. 情境一：不存在信息不对称

如果不存在信息不对称，即技术需求方能够识别高质量技术和低质量技术，则事实上存在高质量技术和低质量技术两个分离的市场。高质量技术商品将以较高的价格 P_h 成交，而低质量技术将以较低的价格 P_l 成交。P_h 将会介于 V_{hs} 与 V_{hb}，P_l 将会介于 V_{ls} 与 V_{lb}（具体价格与双方的谈判能力相关）。交易过程中，买方和卖方的交易成本分别为 C_b 和 C_s。此时：

买方利润 $CS_1 = Q_h(V_{hb} - P_h - C_b) + Q_l(V_{lb} - P_l - C_b)$；

卖方利润 $SS_1 = Q_h(P_h - V_{hs} - C_s) + Q_l(P_l - V_{ls} - C_s)$；

社会总剩余 $TS_1 = Q_h(V_{hb} - V_{hs} - C_b - C_s) + Q_l(V_{lb} - V_{ls} - C_b - C_s)$。

2. 情境二：存在信息不对称

如果技术需求方处在信息劣势，从而不能识别高质量技术和低质量技术，高质量技术和低质量技术形成混同市场。技术需求方买到高质量技术和低质量技术的概率分别为 $Q_h/(Q_h + Q_l)$ 和 $Q_l/(Q_h + Q_l)$。假定需求方是风险中性，在混同市场中其最高出价为 $P_m = V_{hb}Q_h/(Q_h + Q_l) + V_{lb}Q_l/(Q_h + Q_l)$。假定有 $P_m < V_{hs}$，高质量技术供给方将退出市场，市场只剩下低质量技术供给方，即高质量技术被完全驱逐出市场。此时，技术需求方买到低质量技术的概率为 100%，买到高质量技术的概率为 0。市场上将只有低质量技术在交易，价格为 P_l。此时：

买方利润 $CS_2 = Q_l(V_{lb} - P_l - C_b)$；

卖方利润 $SS_2 = Q_l(P_l - V_{ls} - C_s)$；

社会总剩余 $TS_2 = Q_l(V_{lb} - C_b - C_s)$。

此时的社会总剩余小于完全信息情况下的社会总剩余，即 $TS_2 < TS_1$。说明信息不对称产生的逆向选择问题，使得高技术商品被驱逐出市场，市场上只有低质量技术商品成交，社会福利受损，损失大小为

$$TS_1 - TS_2 = Q_l(V_{hb} - V_{hs} - C_b - C_s)。$$

3. 情境三：没有市场交易

在没有市场交易的情况下，高质量技术和低质量技术都在供给者手中。此时：

买方利润 $CS_3 = 0$ ；

卖方利润 $SS_3 = 0$ ；

社会总剩余 $TS_3 = 0$ 。

如果我们放弃市场只存在高质量和低质量两种类型技术商品的假设，而是假设技术商品价值对供给者而言在 V_{ls} 和 V_{hs} 之间连续分布，相应地，对应需求方的价值在 V_{lb} 和 V_{hb} 之间连续分布。在存在信息不对称的情况下，技术需求方按整个市场的平均质量出价，为 $(V_{lb} + V_{hb})/2$。此时，高出市场平均质量的技术将退出市场，导致市场平均质量的下降。平均质量的下降导致需求方降低出价，又使得市场中质量高出平均质量的技术退出市场，即出现了质量、价格交互下降的局面。由于假定质量在 V_{lb} 和 V_{hb} 之间连续分布，其在每个质量水平上概率为零。最终，整个技术市场将不复存在。此时出现情境三的状况，社会福利损失更大，为

$$TS_1 - TS_3 = TS_1 = Q_h(V_{hb} - V_{hs}) + Q_l(V_{lb} - V_{ls}) - (C_b + C_s)$$

二、科技中介与信息不对称的消除

在买方卖方直接交易的过程中，买方不具备技术商品的全部信息，导致逆向选择和社会福利受损。科技中介作为技术市场交易双方之外的第三方，可以通过利用技术评估能力对技术商品的质量进行评估，在一定程度上可以消除信息不对称，使市场交易达到新的均衡。接下来将讨论存在科技中介的技术市场均衡时的状况。

情境四：存在科技中介的技术市场

科技中介可以以两种不同的形式参与技术商品交易，其一是买进技术，再加价卖出，充当中间商的角色。其二是为交易双方提供经纪服务，此处主要是提供技术评估服务，消除信息不对称，以促使交易完成，从中收取服务费，充当经纪人的角色。董正英（2003）分析了作为中间商的科技中介对技术市场均衡的影响。考虑到在我国科技中介机构更多的是在交易中充当经纪人的角色，本书将在董正英研究的基础上，分析作为经纪人角色的科技中介对技术市场均

衡和社会福利的影响。

假设科技中介具有一定的技术商品质量评估能力，用评估正确率 ε 表示，$0<\varepsilon<1$，每次评估产生的成本为 τ。在技术商品成交过程中，当买卖双方在对技术质量的判断出现分歧时，寻求科技中介机构的评估服务。科技中介机构每提供一次服务，不管成交与否，收取双方服务费各为 ψ。同时，科技中介为其服务提供保证，如果因评估错误把低质量技术评定为高质量技术，导致买方以较高的价格买到低质量技术，科技中介将对买方进行差价补偿。

如前分析，在没有中介的情况下，而高质量技术完全被驱逐出市场。科技中介参与交易后，高质量技术供给方要高价，而需求方不能判断其质量，交易双方会寻求科技中介机构的技术评估服务。由于科技中介机构的评估正确率 $\varepsilon<1$，因此，有数量为 $Q_h(1-\varepsilon)$ 的高质量技术被错误地评估为低质量技术退出市场；被正确评估的高质量技术数量为 $Q_h\varepsilon$，从而得以成交，成交价格为 P_h。

在没有中介的情况下，低质量技术在市场上都以较低价格 P_l 成交。在中介加入后，如果低质量技术供给方仍然要求低价，则交易双方在价值判断上没有分歧，直接成交。此时由于科技中介机构的评估正确率 $\varepsilon<1$，部分低质量供给方会进行投机，将低质量技术冒充高质量技术而要高价，投机失败的代价是额外支付技术评估费 ψ。在此假设选择投机的低质量技术供给方占全部低质量技术的比例为 η，η 的大小取决于供给方的风险偏好，同时与科技中介机构的评估正确率 ε 反向相关。此时由于投机的低质量技术报价高，科技中介介入。考虑到科技中介评估正确率为 ε，则将有数量为 $Q_l(1-\varepsilon)\eta$ 的低质量技术投机成功，将以较高价格 P_h 成交，投机者获得额外利润。成交后，由于买方将发现产品的真实质量，中介机构将向其支付差价 (P_h-P_l)。有数量为 $Q_l\varepsilon\eta$ 的低质量技术投机失败，仍需向中介结构支付技术评估费 ψ。由于已经经过评估，之后进入市场将只能按低质量技术成交。还有数量为 $Q_l(1-\eta)$ 的低质量技术未经投机买卖双方直接交易。最终所有的低质量技术商品全部成交。

均衡时，卖方以价格 P_h 卖出数量 εQ_h 的高质量技术，交易成本为 $\varepsilon Q_h C_s$，支付中介机构评估费 $\varepsilon Q_h \psi$；另外 $(1-\varepsilon)Q_h$ 数量的高质量技术虽然没有成交，卖方仍然支付了评估费 $(1-\varepsilon)Q_h\psi$。卖方卖出了全部的低质量技术商品。其中数量为 $(1-\eta)Q_l$ 的低技术商品直接交易，价格为 P_l，交易成本为 $(1-\eta)Q_l C_s$，没有支付评估费；投机成功的低质量技术商品价格为 P_h，数量为 $(1-\varepsilon)Q_l\eta$，交易成本为 $(1-\varepsilon)\eta Q_l C_s$，支付评估费 $(1-\varepsilon)Q_l\eta\psi$。投机失败的低质量技术数

量为 $\varepsilon\eta Q_l$，成交价格为 P_l，交易成本为 $\varepsilon\eta Q_l C_s$，支付评估费 $\varepsilon\eta Q_l\psi$。最终，卖方利润为

$$SS_4 = \varepsilon Q_h(P_h - V_{hs} - C_s) - Q_h\psi + Q_l(1-\eta)(P_l - V_{ls} - C_s)$$
$$+ (1-\varepsilon)\eta Q_l(P_h - V_{ls} - C_s - \psi) + \varepsilon\eta Q_l(P_l - V_{ls} - C_s - \psi)$$

式中，$\varepsilon Q_h(P_h - V_{hs} - C_s) - Q_h\psi$ 为卖方从高质量技术商品交易获得的利润，$Q_l(1-\eta)(P_l-V_{ls}-C_s)$ 为没有参与投机的低质量技术利润，$(1-\varepsilon)\eta Q_l(P_h - V_{ls} - C_s - \psi)$ 为投机成功的低质量技术利润，$\varepsilon\eta Q_l(P_l - V_{ls} - C_s - \psi)$ 为投机失败的低质量技术利润。

买方以价格 P_h 买到数量 $Q_h\varepsilon$ 的高质量技术，交易成本为 $\varepsilon Q_h C_b$，支付中介机构评估费 $\varepsilon Q_h\psi$；另外 $(1-\varepsilon)Q_h$ 数量的高质量技术虽然没有成交，买方仍然支付了评估费 $(1-\varepsilon)Q_h\psi$。买方买到了全部的低质量技术商品。虽然对投机成功的低质量技术最初支付价格为 P_h，但之后中介机构会对差价进行补偿，因此，买方对所有的低质量技术实际支付的价格都是 P_l，交易成本为 $Q_l C_b$，其中对投机的低质量技术支付的评估费为 $\eta Q_l\psi$。最终买方的利润为

$$CS_4 = [\varepsilon Q_h(V_{hb} - P_h - C_b) - Q_h\psi] + [Q_l(V_{lb} - P_l - C_b) - \eta Q_l\psi]$$

式中，$[\varepsilon Q_h(V_{hb} - P_h - C_b) - Q_h\psi]$ 为买方从高质量技术成交中获得的利润，对高质量技术商品提供评估服务获得的利润，$[Q_l(V_{lb} - P_l - C_b) - \eta Q_l\psi]$ 为买方从低质量技术成交中获得的利润。

中介机构从高质量技术交易中获得评估费 $2Q_h\psi$，评估成本为 $Q_h\tau$。从低质量技术交易中获得评估费 $2\eta Q_l\psi$，评估成本为 $\eta Q_l\tau$，由于评估错误而支付的差价为 $(1-\varepsilon)\eta Q_l(P_h - P_l)$。

科技中介的利润 $IS_4 = Q_h(2\psi - \tau) + \eta Q_l(2\psi - \tau) - (1-\varepsilon)\eta Q_l(P_h - P_l)$

式中，$Q_h(2\psi - \tau)$ 为对高质量技术商品提供评估服务获得的利润，$\eta Q_l(2\psi - \tau)$ 为对参与投机的低质量技术商品提供评价服务获取的利润，$(1-\varepsilon)\eta Q_l(P_h - P_l)$ 为由于将低质量技术错误地评价为高质量技术而向买方支付的差价。

此时社会总剩余为

$$TW_4 = SS_4 + CS_4 + IS_4 = \varepsilon Q_h(V_{hb} - V_{hs}) + Q_l(V_{lb} - V_{ls}) - (\varepsilon Q_h + Q_l)(C_b + C_s) - (Q_h + \eta Q_l)\tau$$
$$= [\varepsilon Q_h(V_{hb} - V_{hs} - C_b - C_s) - Q_h\tau] + [Q_l(V_{lb} - V_{ls} - C_b - C_s) - \eta Q_l\tau]$$

式中，$\varepsilon Q_h(V_{hb} - V_{hs} - C_b - C_s) - Q_h\tau$ 为高质量技术商品成交产生的剩余，$Q_l(V_{lb} - V_{ls} - C_b - C_s) - \eta Q_l\tau$ 为低质量技术成交产生的剩余。

与情境二（存在信息不对称没有科技中介的情况）比较，社会剩余的变化量为

$$TW_4 - TW_2 = \varepsilon Q_h(V_{hb} - V_{hs} - C_b - C_s) - (Q_h + \eta Q_l)\tau$$

式中，$\varepsilon Q_h(V_{hb} - V_{hs} - C_b - C_s)$ 来自科技中介促成部分高质量技术成交带来的福利增加，其大小与评估正确率正相关。评估正确率越高带来的福利增加将越多。$(Q_h + \eta Q_l)\tau$ 为科技中介对技术进行评估产生的成本，其使得社会福利减少。期间，科技中介对所有的高质量技术和部分投机的低质量技术进行了评估，注意到参与投机的低质量技术的比例 η 与科技中介评估能力反向相关，ε 越大，η 将越小。极端情况 $\varepsilon=1$ 时，η 将等于0，此时高技术商品将会全部成交，同时没有低质量技术参与投机。因此，科技中介机构评估正确率越高，促进高技术成交带来的社会福利增加越大，因投机产生的社会福利损失将越少。同时，科技中介参与情境下社会福利的改善还与科技中介机构的评估成本 τ 有关，评估成本越低，社会福利改善越大。当同时满足 $\varepsilon=1$，$\tau=0$ 时，就意味着不需要耗费资源就可以准确评价所有技术的价值，此时社会总剩余为 $TW_4 = Q_h(V_{hb} - V_{hs} - C_b - C_s) + Q_l(V_{lb} - V_{ls} - C_b - C_s) = TW_8$。事实上，此时就变成了不存在信息不对称的情形。

此处讨论一种简单的情况。假定投机比例与评估能力的函数关系式为 $\eta = \eta(\varepsilon) = 1 - \varepsilon$。则

$$\begin{aligned} TW_4 - TW_2 &= \varepsilon Q_h(V_{hb} - V_{hs} - C_b - C_s) - (Q_h + \eta Q_l)\tau \\ &= \varepsilon Q_h(V_{hb} - V_{hs} - C_b - C_s) - [Q_h + (1-\varepsilon)Q_l]\tau \\ &= [Q_h(V_{hb} - V_{hs} - C_b - C_s) + Q_l\tau]\varepsilon - (Q_h + Q_l)\tau \end{aligned}$$

因为 $(V_{hb} - V_{hs} - C_b - C_s) > 0$ 是技术商品成交的前提，又有 $(Q_h + Q_l) > 0$，所以要使 $TW_4 - TW_2 > 0$，必然要求 $\varepsilon > \dfrac{(Q_h + Q_l)\tau}{Q_h(V_{hb} - V_{hs} - C_b - C_s) + Q_l\tau}$。

同时，由于 ε 的最大值为1，所以有 $\dfrac{(Q_h + Q_l)\tau}{Q_h(V_{hb} - V_{hs} - C_b - C_s) + Q_l\tau} < 1$。

设 $\dfrac{Q_h}{Q_h + Q_l} = \theta$，则 $\dfrac{Q_l}{Q_h + Q_l} = 1 - \theta$。

因此有 $\dfrac{\tau}{\theta(V_{hb} - V_{hs} - C_b - C_s) + (1-\theta)\tau} < 1$，即 $\tau < V_{hb} - V_{hs} - C_b - C_s$。其中 τ 是科技中介每次服务产生的成本；$V_{hb} - V_{hs} - C_b - C_s$ 表示单件高质量技术成交带来的社会剩余。

因此，只要满足：

（1）$\tau < V_{hb} - V_{hs} - C_b - C_s$

（2）$\varepsilon > \dfrac{(Q_h + Q_l)\tau}{Q_h(V_{hb} - V_{hs} - C_b - C_s) + Q_l\tau} = \dfrac{\tau}{\theta(V_{hb} - V_{hs} - C_b - C_s) + (1-\theta)\tau}$

将有 $TW_4 - TW_2 > 0$，即在科技中介评估成本低于一定水平且评估正确率高于一定水平时，科技中介将改善技术市场福利。

综上分析，在科技中介机构技术评估成本和评估能力满足一定条件下，科技中介利用自身的技术评估能力和信誉担保机制，可以部分消除技术商品市场的信息不对称，因而具有消除信息不对称的功能，使得技术市场得以改善，更多的技术商品得以成交，促进了科技成果转化，提升了社会福利。

当前我国正处在产业技术升级阶段，大量企业对高质量技术有着强烈的需求。如果技术市场存在着严重的信息不对称，将不利于高质量技术商品的转移，不利于知识向生产力的转化。近年来，我国科技中介机构的快速发展、服务能力的不断提升，一定程度上解决了技术市场的信息不对称问题，促进了我国技术商品交易的发展和活跃。

第五节 基于创新系统失灵视角的科技中介功能分析

系统失灵视角的创新政策范式就是通过采取综合的政策措施，消除创新系统中制约企业创新和经济发展的各种失灵问题。为此，许多学者提供了一系列的组合政策工具。但是，对科技中介机构在消除创新系统失灵中的作用缺乏深入的探讨。本书认为科技中介是区域创新系统的重要组成部分，各种类型的科技中介机构成为创新系统的一个子系统。科技中介子系统的加入，可以优化创新系统的结构，一定程度上克服创新系统失灵，进而提高创新系统效率，促进社会创新能力提升。

一、科技中介改善创新系统弱关系失灵

创新系统模型认为创新的产生是微观创新主体相互交往、相互学习以适应新的环境而采取的行为，是知识不断演化的过程。区域创新系统模型之所以强调区域维度的重要性，一个重要的原因是其认为各主体之间的近距离接触可以促进知识的交流、扩散与演化。当创新系统存在弱关系失灵时，即各主体尤其是企业之间没有建立起信息与知识交流的通道，就意味着系统内知识不能够有效演化。科技中介机构的活动能够在一定程度上改善创新主体之间的关系网络

稀疏问题，促进创新系统知识的生产、扩散与应用。

社会情境是创新的先决条件，现存的经济、社会，尤其是知识结构在创新过程中产生重要作用。从某种意义上看，创新可以看作是对过去的想法、技能和知识的重新组合。Schumpeter（1934）就曾直接将创新定义为"提出新的组合"；Weick（1979）也将创新定义为"将新的事物放进旧的组合及将旧的事物进行新的组合"；Powell和Grodal（2005）认为将异质性的知识进行创新性重组是创新的重要驱动力。可见，创新是与历史相关联的，是对过去知识的不断开发应用。通过对现有资源的重新组合，企业家能够开发出新的想法、技能和知识。

作为创新主体的企业，他们并不具有系统的全部知识。每个企业在不同的领域开展业务，各自的知识结构并不完全相同。即使在同一个领域开展业务的企业，其经历也是存在着差异的，知识存量也各不相同。也就是说，系统存量知识是片段化地存在于各个创新主体之间的，彼此的知识相互独立。创新系统这样的知识分布结构为原有知识重新组合产生新的知识创造了条件。因为某个主体拥有的知识可能被用来解决别的主体遇到的问题。

然而，知识分散分布也给知识重新组合带来了障碍。正如Nonaka指出的那样，知识往往是情境化的。知识具有什么样的功能与组织以前如何使用知识有关，也与企业面临的任务情境相关。在特定组织内，其面临的任务情境往往是一贯不变的，因而，可能无视知识存在的新用途。同时，知识的溢出效应不是一个自发的过程，溢出知识的吸收也不是自动的。要想将原有知识进行重新组合以实现创新，必须将在某一特定任务情境下的知识进行剖析，发现其在其他组织是否有新的价值。为将保持原有情境的旧知识转换成能解决新问题的知识，类比推理的思维方式非常重要。类比推理通常起步于问题解决者思考：既然该知识在原有领域能解决此类问题，那么在新的组织能否解决类似问题。而这种类比推理可能发生的条件：一是对原有一个或多个领域的知识要有深入的了解，二是对新领域要解决的问题有深入的了解。而由于各领域是相对独立的，一个领域的企业往往不了解其他领域存在哪些需要解决的问题，其他领域往往也对本领域的知识了解不够。这种知识与任务分离的局面阻碍了知识的演化，削减了区域知识的溢出效应。这就要求系统内各创新主体建立起密切的网络关系，利用网络关系较强知识的流动与扩散。对于存在弱关系失灵的创新系统，这样的网络关系往往过于稀疏而不能有效发挥作用。

创新系统中，科技中介机构服务于不同的客户。在服务客户的过程中，中介机构获取了该领域的相关知识和资源。中介机构将知识积累，以为未来的项目提供支持。经过一段时间的积累，科技中介机构往往对系统各领域的知识和资源有了大致的了解。因此，科技中介可以看作是系统知识和信息的集中站。当企业遇到需要解决的新问题而不知道哪里能找到可以解决问题的知识和资源时，寻求科技中介的帮助往往是不错的选择。科技中介机构接到客户的任务后，可以从新的任务情境视角重新审视自己的知识库，从中找到问题的解决方案。这个过程可能是用旧知识解决新问题，也可能是用新知识解决旧问题。无论如何，问题得到解决就意味着知识的演化，就意味着创新的实现。而且，科技中介在解决客户问题的过程中，再次积累并重组出新的知识，提升了自己的服务能力。以上过程可见图3-4。科技中介与客户企业的交互作用促进了区域知识的生产、扩散和应用。当企业之间不能建立起有效的关系网络促进知识演化时，科技中介与企业间的关系网络可以有效地改善这种状况。

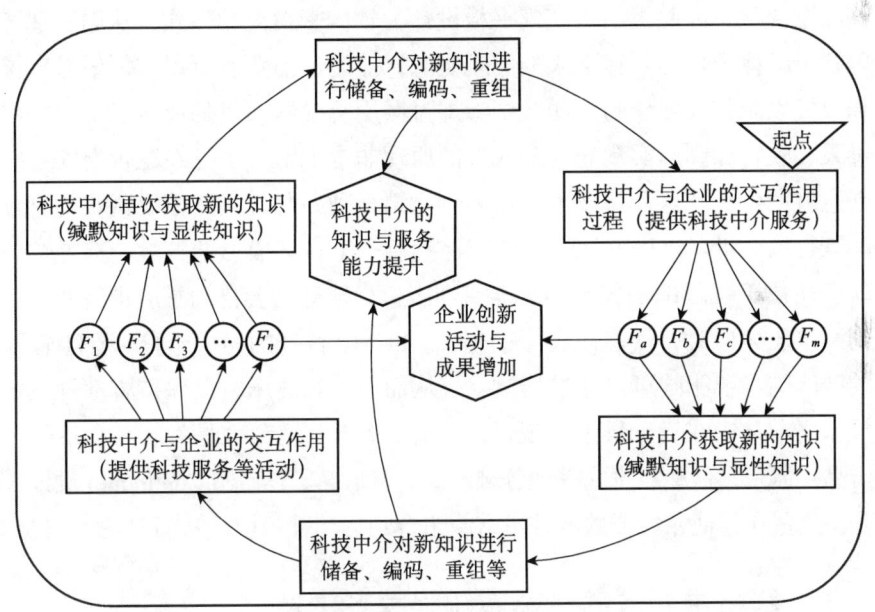

图3-4　科技中介与创新系统知识演化
资料来源：参考 Strambach（2001）并改动

以上主要分析科技中介在不同企业之间活动产生的积极效应。其实，科技中介一方面与科研院所保持密切的合作，另一方面又与企业界保持密切的业务往来，这种联系，改善了企业与科研院所之间的网络关系。通过这种联系，加强了产学研之间的联系，促进了系统知识的流动与扩散，从而将科研院所的知识带到企业界，被用来解决企业界遇到的实际问题。同时，也将企业界的需求信息传递给各科研院所，为科研院所明确知识和技术开发的方向。

1989年，美国运动品牌锐步推出了PUMP运动鞋并取得了重大成功。追溯PUMP运动鞋的诞生过程，可以发现这是科技中介机构改善关系网络、促进知识演化的成功案例。为应对竞争对手耐克公司的新产品NEW AIR技术（鞋跟内置气垫并具有运动能量回馈功能），锐步在1988年找到科技中介机构Design Continuum，希望帮助开发一款能与之抗衡的产品。Design Continuum接到任务后，成立了项目团队，只用六个月时间就拿出了解决方案——PUMP技术。Design Continuum团队中有一位技术人员之前曾参与过充气夹板设计，他意识到类似的充气夹板可以为脚踝提供支撑以起到保护作用，于是提出了将充气夹板内置于运动鞋的创意。然而，充气夹板的形状很难满足内置于鞋体的要求。团队的另一位成员，曾经参与医用输液袋项目，发现密封的输液袋形状能够随意变化，因此提出将充气夹板设计为软体密封包的形式，从而实现了将其内置于鞋体的目标。接下来的问题是怎样才能让消费者可以方便地对鞋子充气和放气以调整气囊压力。团队中参加过医用听诊器项目的成员对听诊器如何通过泵、软管和阀门实现充气和放气的原理非常了解，于是在鞋舌上安装阀门的创意就产生了。这几位技术人员的创意结合到一起，最终使得锐步的PUMP运动鞋得以面世。PUMP运动鞋的鞋体拥有一个自动成形的气囊，穿上鞋子走动就会使位于鞋跟部的气泵启动器受到压迫，球鞋就会自动感应进行充气，当达到一定压力值时，气囊便会停止充气。PUMP科技的另一个秘密在于鞋跟上部的智能阀，智能阀可以通过释放空气从而控制气囊压力以保持脚部舒适。这些技术之前从未在运动鞋上出现过，因此，PUMP运动鞋是一款与众不同的全新产品。但是，这些技术在其他领域已经非常成熟，Design Continuum设计人员只是将这些在其他领域成熟的技术重新组合到运动鞋领域，从而实现了创新。

二、科技中介改善创新系统强关系失灵

创新系统各主体之间的强关系失灵是导致系统锁定的重要因素。从创新系统内主体的网络关系来看，由于地理的临近和密集的交流，系统内的主体通常会结成紧密的联系。人们可以称之为强连带关系。美国著名社会学家格兰诺维特认为强连带中成员长期密集的接触可以增进主体之间的相互信任，促进知识的流动。但是，这也可能使得各主体在知识结构、经验背景及观念意识等方面具有很大的相似性，封闭的强关系网络内部的交流所获得的往往多是冗余的信

息和资源，难以带来更新鲜有价值的东西。这样就会抑制多样性观点的产生，并导致集体思维模式。系统只有保持开放，不断从外界获取新的要素才能保持自身的稳定与发展。创新系统也不例外，如果不能建立起与外部的联系，实现物质、信息、能源、知识的交换，就容易形成封闭状态，从而锁定在原有的技术轨迹中，从而影响系统的创新绩效。

格兰诺维特的弱连带优势理论强调了弱连带对于网络获取新价值的重要性。弱连带的本质是在不同群体之间建立的联系，通过这种联系从群体外获取新的信息。强连带与弱连带的区别可以理解为：如果朋友的朋友还是朋友，就是强连带关系；如果朋友的朋友不是朋友，则是弱连带关系。弱连带联系是在群体之间发生的，其分布范围较广，因此它比强连带联系更能充当跨越社会界限去获得信息和其他资源的桥梁，可以将其他群体的重要信息带给不属于这些群体的某个个体。在格兰诺维特之后，Burt（1992）提出了结构洞理论。结构洞理论是对格兰诺维特弱连带优势理论的进一步发展。伯特认为，结构洞是指社会网络中的某个或某些个体与有些个体发生直接联系，但与其他个体不发生直接联系而出现的关系间断的现象，从网络整体来看，好像网络结构中出现了洞穴，因而称作结构洞。结构洞可以通俗地理解为 A 和 B 是朋友，A 和 C 是朋友，但 B 和 C 不是朋友，则 B 和 C 之间存在结构洞，A 则占据了网络中的结构洞，充当结构洞的角色。伯特发现占据结构洞的玩家具有信息优势和控制优势。

无论是弱连带优势理论还是结构洞理论，都强调了有效率的网络关系应该与外部建立起联系。虽然格兰诺维特和伯特的理论主要针对个人关系网络（前者是研究找工作时个人关系网络的作用，后者研究结构洞在职位晋升中的作用），但显然可以被用来解释区域创新系统中的各主体关系。对于区域创新系统而言，区域内部的创新主体之间的关系一定程度上可以看作是强连带关系，这种强连带关系有助于内部知识的演化。但为保持区域经济的持续发展，必须建立起与外部的联系通道，通过该通道获取外部新的资源与信息，以此提升区域创新系统获取新知识的能力。正如结构洞理论指出的那样，网络结构的优化应从非重复关系人的数量着手，以此提升网络中各个主体的产出。同时，在发展网络过程中，要注意区别初级联系人和次级联系人，与初级联系人建立联系比与次级联系人建立联系能更有效地扩大网络规模和增强网络利益。从科技中介在区域创新系统中的主要活动来看，其就是充当这样的非重复联系人或初期联系人的角色，即科技中介在区域创新主体与外部之间建立起弱连带关系，或者说科技中介占据了结构洞的位置,见图3-5。

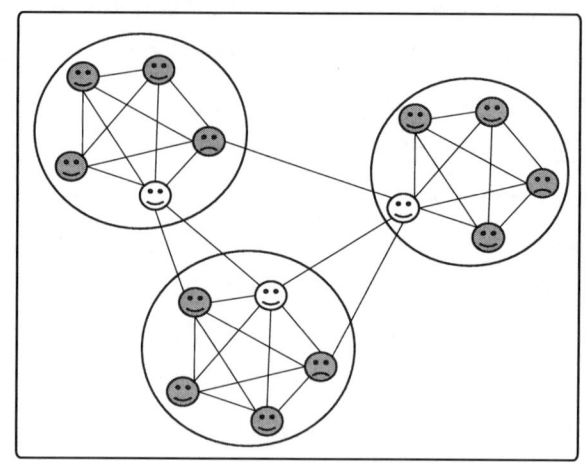

图3-5 基于弱连带优势理论和结构洞理论的科技中介角色

三个大的圈分别代表三个创新系统(产业集群/关系网络/团体)

系统内各主体(笑脸)建立起强连带关系,促进了内部知识的演化。但同时也可能导致短视、集体思维等路径锁定问题

白色笑脸代表科技中介机构,在各自系统内占据了结构洞的位置,建立起与外部系统的弱连带关系,为系统带来新的信息与知识

可见,科技中介充当了系统与外部联系的桥梁,通过科技中介将外部新的知识、信息传递到区域创新系统内,从而保持区域创新系统知识的多样性,以此规避区域创新系统陷入短视、僵化等路径锁定风险。

三、科技中介缓解创新系统制度失灵

科技中介机构,主要是行业协会组织可以从两个方面缓解制度失灵问题。

一是作为利益的相关方,表达对制度的需求,推动制度的变迁。按照马克思的观点,制度作为上层建筑,是由经济基础决定的。经济基础是第一位的,经济基础的变化往往使得制度滞后于经济基础的要求。拉坦的诱致性制度变迁理论认为技术的变化改变了要素相对价格,诱使外部利益出现,进而产生了对制度变迁的需求。也就是说技术进步改变了现存制度下的利益分配格局,原有的制度均衡被打破,相关利益方就会谋求制度变迁以重新分配利益,制度变迁(供给)是制度需求的函数。制度变迁既然是利益分配的重新安排,有受益群体,必然存在受损群体。姚作为和王国庆(2005)认为在制度变迁进程中,存在着社会、个人、政界、企业家与既得利益集团之间的多重利益博弈。如果赞同、支持制度变迁的行为主体集合力量在博弈中占有优势地位，则新的制度安排将取代原有的制度安排。

新技术或新的生产方式从发明到生产到应用，要有与之相适应的新的制度安排，这种对制度变迁的要求往往会损害既得利益集团。因此，新技术出现的初期阶段，即使其对整个社会福利有促进作用，但既得利益集团势力强大，而新的利益方往往实力较弱，在博弈中处于劣势地位，使得新技术难以推广应用。如因为发电并网的制度安排问题使得光伏发电技术在中国的应用难以推广。为在博弈中获得优势地位，制度的需求方可以通过组团的方式形成集体行动，壮大自己的力量。一些行业协会就代表了新制度需求方的利益诉求，代表整个行业形成对制度供给主体政府的压力，游说政府提供或改善制度公共产品，推动制度的变迁，消除旧制度对新技术发展的约束。Doner 和 Schneider（2000）将行业协会的这部分功能称为"市场支持"（market-supporting）活动。

其次，作为社会组织，直接供给非正式制度。除了以法律形式存在的正式制度之外，一些非正式制度对创新同样具有重要意义。一般来说政府是制度的供给主体，尤其是对正式制度而言，但非正式制度也可以由一些非政府机构提供。行业协会（商会）作为市场和政府之外的第三方治理机构，就充当了部分制度供给主体的角色。行业自律就是行业协会在遵守法律这个大的制度安排的前提下，对行业行为进行管理，供给非正式制度。事实上一些行业标准、从业规范等通常都是由行业性组织完成的。从历史上来看，一些行业或商业立法随着时间，得到政府权力的确认，从而成为正式的法律制度。

四、科技中介缓解创新系统基础设施失灵

创新系统的基础设施包括社会基础设施和知识基础设施，后者由于与知识的生产、扩散与应用直接相关，因此，对于创新系统而言尤其重要。

科技中介克服基础设施失灵可以从两个方面来理解。首先，一些科技中介机构本身就是知识基础设施的组成部分，如各种工程技术中心、信息情报中心等。这些机构或组织设立的目的就是促进知识的生产、扩散与成果产业化，因此是科技中介子系统的一部分。同时这些机构或组织具有准公共产品的性质，主要为行业企业提供共性技术和基础信息，同时也是系统知识公共基础设施的重要组成部分。再如，各种类型的创业中心、大学科技园都是服务于创业活动的科技中介机构。创业中心、大学科技园与一般工业区的主要区别在于，在这里知识基础设施高度集中，能够为企业的创业提供全面的服务。因此，科技中

介机构和组织的齐备、科技中介服务体系的完善，也就意味着知识基础设施的完善。

其次，科技中介机构能够利用自身的专业化和规模化优势，为企业提供服务，缓解由基础设施供给不足造成的企业创新困难。一些创新活动，如果基础设施完善，企业可以比较容易地实施和开展。但是，在基础设施供给不足的情况下，企业依靠自身的力量往往难以完成。而科技中介机构则可以发挥自身专业化和规模化的优势，代替企业完成相关活动，从而缓解企业创新困难。在教育比较落后地区，企业开展创新活动往往会遇到人才的障碍，科技中介机构可以利用自己的信息优势和关系网络，为企业联系相关的专家和科研机构，解决人才短缺问题。

五、科技中介缓解创新系统能力失灵

企业是创新系统的主体，当多数企业创新能力不足时，就很难期望整个创新系统能有较好的创新绩效。企业能否有效开展创新取决于自身的创新能力。魏江和许庆瑞（1995）从企业技术创新的过程来探讨了企业创新能力的结构，两位学者认为，企业创新能力包括组织创新决策能力、R&D能力、生产能力、市场营销能力及组织管理能力等五方面的能力。企业创新能力的结构见图3-6。

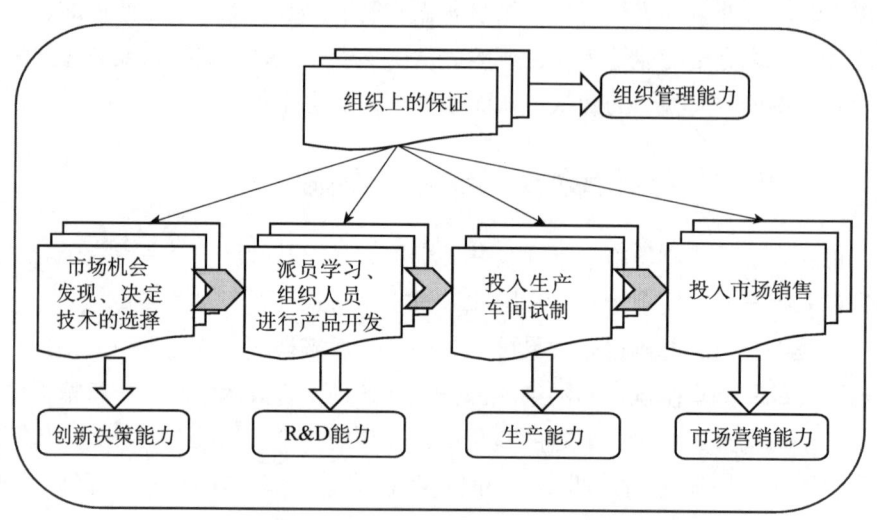

图3-6 企业创新能力结构示意图

企业在开展创新的过程中，由于自身资源的限制往往会遇到各种困难，从而导致创新活动无法达到预期的效果。开放式创新理论认为，现代企业或组织在进行创新的过程中应具有广义的创新资源观，充分利用和整合外部资源，来解决创新过程中遇到的各种瓶颈。科技中介机构一方面能够利用自身的人才、信息、知识等资源直接为企业创新活动的各个过程提供服务；另一方面，可以通过牵线搭桥，寻找外部资源解决企业创新过程中遇到的障碍。例如，科技中介机构为企业提供咨询服务，使得企业对新的领域存在的机会与风险有比较清楚的认识，从而提升了企业的创新决策能力。科技中介机构为企业提供各种认证服务，协助企业完成认证过程，既可以提升企业的整体管理能力，也使企业的产品在国内国际市场更具竞争力。科技中介机构为企业联系科技专家与科研院所，可以解决企业创新人才短缺问题，从而提升企业的 R&D 能力。总之，科技中介拓展了企业创新过程中可以利用的资源，提升企业创新能力，从而一定程度上解决了区域创新系统能力失灵问题。

结合我国科技中介机构开展服务的具体情况，本书将科技中介主要业务活动对企业创新能力的提升功能归类如表 3-7 所示。

表 3-7　科技中介服务及其对企业创新能力的影响

服务类型	业务描述	对企业创新能力的影响	提升企业创新能力的内容	主要科技中介组织
技术咨询	为客户提供技术选用的建议和解决方案	使企业对技术的价值有清楚的了解并做出正确决策	创新决策能力 R&D 能力	生产力促进中心 技术市场 知识产权交易中心
技术培训	为企业员工提供职业技能培训	人力资本的提升	生产能力	生产力促进中心
技术推广	将行业的先进技术进行推广应用	企业接受先进技术，有利于成本节约，市场开拓	R&D 能力 创新决策能力	生产力促进中心
技术开发	利用自身资源直接为客户开发技术	帮助企业解决 R&D 过程的困难	R&D 能力	生产力促进中心 工程技术中心
产品检测，中试服务	利用自身设备为企业的产品开发提供检测鉴定服务	解决企业设备短缺的瓶颈	R&D 能力 生产能力	生产力促进中心 工程技术中心
管理咨询	为客户找出企业存在的主要问题，查出存在问题的原因，提出切实可行的改善方案，进而指导实施方案	使企业的运行机制得到改善，提高企业的管理水平和经济效益	组织管理能力 创新决策能力	生产力促进中心 企业孵化器 创业园等
管理培训	为客户提供现代管理手段的培训，如 ERP 系统培训、质量管理系统培训等	提升企业管理手段和方法	组织管理能力 创新决策能力	生产力促进中心

续表

服务类型	业务描述	对企业创新能力的影响	提升企业创新能力的内容	主要科技中介组织
认证服务	协助企业从产品、管理、社会责任等方面满足认证机构要求并获得认证	健全企业管理体系，提高企业社会知名度和产品竞争力	组织管理能力 市场营销能力	生产力促进中心
产权服务	提供知识产权相关的法律支持	保护企业知识开发与设计的成果，提高经济回报	组织管理能力	技术市场 知识产权中心
展销活动	通过展销会的形式将供需双方集中到一起	降低企业的销售成本	市场营销能力	行业协会 生产力促进中心
联系专家	为企业寻找联络行业专家，解决企业遇到的问题	提升企业问题解决能力	R&D能力	生产力促进中心 技术市场
供需联系	联系企业与顾客，明确市场对新产品性能与质量的要求	有利于企业开拓市场	市场营销能力	生产力促进中心
创业支持	为企业创办提供手续服务、基础条件等一系列服务	解决企业创业阶段遇到的各类问题	组织管理能力	企业孵化器 创业园等

第六节 科技中介功能总结

科技中介功能是指科技中介活动对其所在的经济社会系统带来的影响、变化和效应。科技中介本身作为一个子系统，具有多方面的功能，同时这些功能又表现出一定的层次性。综合本章分析，科技中介功能可用图 3-7 表示。

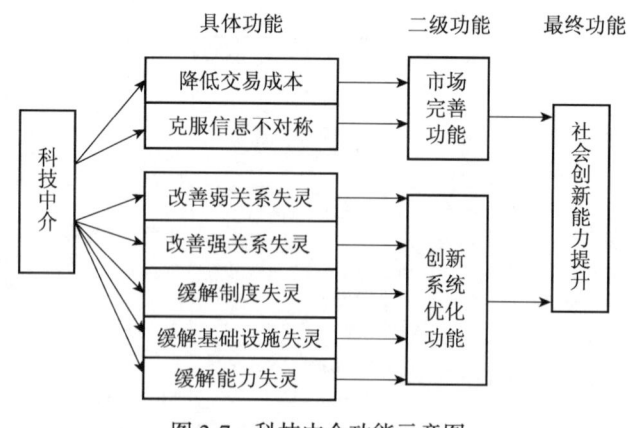

图 3-7 科技中介功能示意图

从交易成本理论来看，技术商品自身的特点决定了其交易过程存在较高的交易成本，从而导致技术商品交易困难，降低了科技资源的生产效率，不利于科技成果的产业化。科技中介可以通过改善技术市场的结构和协调交易双方行为的不一致性降低技术商品的交易成本，提升科技资源的生产效率，加速科技成果产业化。从而科技中介具有降低交易成本的功能。

从信息不对称理论来看，技术商品自身的特点同时也使得交易双方存在严重的信息不对称，从而导致逆向选择行为的发生和资源配置的无效率。博弈分析表明科技中介机构能够消除技术市场由交易双方信息不对称导致的逆向选择问题，进而提升资源配置效率。所以说科技中介具有消除信息不对称的功能。

从创新系统失灵的视角来看，科技中介作为创新系统的一个子系统，可以优化创新系统的结构，一定程度上克服区域创新系统失灵。主要体现在科技中介可以改善创新的网络关系，从而具有改善弱关系失灵和强关系失灵的功能；科技中介一方面作为利益相关方，表达对制度的需求，推动制度的变迁，同时还可以供给部分非正式制度，从而具有缓解创新系统制度失灵的功能；科技中介作为知识基础设施的重要组成部分，具有缓解创新系统基础设施失灵的功能；科技中介为企业创新提供各类服务，消除其资源约束的制约，提升企业创新能力，从而具有缓解创新系统能力失灵的功能。

在此将降低技术交易成本功能、消除信息不对称功能和消除创新系统各种失灵功能作为科技中介的具体功能。其中降低技术交易成本功能和消除信息不对称功能的共同之处是完善技术市场，最终促进社会创新能力的提升。而消除或缓解各种形式的创新系统失灵功能的共同之处是优化创新系统结构，最终促进社会创新能力提升。因而将市场完善功能和创新系统优化功能称为科技中介的二级功能，其最终功能为提升社会创新能力。

第四章
科技中介功能实证研究

第三章的理论研究表明,科技中介的最终功能是提升社会创新能力。为对理论进行检验,本章实证研究科技中介促进创新能力的功能。而且,考虑到我国经济社会发展存在着较大的不均衡,各地科技创新能力存在较大差异,实证研究部分还试图发现在创新能力的不同水平上,科技中介对创新能力的促进功能是否存在结构性差异。

第一节 简要文献回顾

国外学者对科技中介对创新能力的影响进行了理论和实证两方面的研究,主要观点认为科技中介对创新能力有促进作用。Hoppe 和 Ozdenoren(2005)构建理论框架研究了介于发明者和潜在需求者之间的科技中介组织促进了技术流动,增加了商业化机会,从而促进创新行为。Howells(2006)研究了英国科技中介的十种类型及其促进创新的相应功能。Zenvickers 和 North(2000)研究发现科技中介与中小企业创新能力密切相关,而 Tschirky 等(2000)的研究则进一步表明大公司也越来越依赖于科技中介组织的服务。Inkinena 和 Suorsab(2010)通过对芬兰 168 家高科技企业的调查,实证研究发现科技中介的技术交易与金融服务功能对企业创新能力和盈利能力都有积极影响。Kodama(2008)实证研究了作为中介组织的 TAMA 协会促进日本企业技术交流进而提升企业创新能力的重要作用。

当前国内学者对科技中介与区域创新能力之间关系的研究较多集中在定性讨论方面,而通过实证分析做深入探究的不多。研究结果普遍认为科技中介发展对区域创新能力有正向作用。顾建光(2006)认为科技中介是区域创新系统的重要组成部分和促进技术创新的重要力量。马玉根（2007）指出科技中介服务是中介服务的一种，在区域创新活动中的功能尤为突出，科技中介连接创新主体、促进科技成果转化、优化配置资源、完善区域创新环境、完成知识传播、推动产业集群为导向的区域创新系统的建设，提高区域创新能力和综合竞争力。赵琨和隋映辉（2007）量化分析了科技中介发展与科技产业聚集的相关性，得出科技中介与科技产业集聚之间存在互动关系的结论。谭开明和魏世红（2009）构建了科技中介与科技创新互动发展的机理模型，认为科技中介是区域科技创新能力的驱动力。孙立梅（2011）系统分析了科技中介（技术市场）对区域创新能力的作用路径，并对1998～2006年全国面板数据进行实证研究，结果表明科技中介对区域创新能力的影响是正效应。岳鹄和康继军（2009）在研究区域创新能力时，将科技中介作为自变量纳入回归方程，同样得出科技中介促进创新能力的结论。

总体来看，当前我国学术界对科技中介发展促进创新能力的研究多限于理论分析，比较欠缺实证研究。尤其是以往研究没有考虑到在创新能力不同的区域，科技中介对创新能力作用的差异，从而不能准确把握科技中介发展对创新能力影响效应的动态过程。本书使用2000～2011年我国省际数据，利用分位数回归的分析方法，研究在区域创新能力的不同水平上，科技中介发展对区域创新能力影响的差异，以期获得更加全面、细致和深入的认识。

第二节 模型设定、指标选择及数据简要分析

一、模型设定、指标选择

在多数实证研究中，专利授权数被用来作为衡量创新能力的指标，即用专利授权数表示有效创新。虽然有学者指出，创新能力是一个综合性很强的概念，很难用单个指标来衡量。专利指标在衡量技术创新能力方面存在一定的局限性：第一，并非所有知识的新应用都会被批准为专利；第二，并非所有创新成果都会申请专利；第三，专利的相对重要性难以衡量；第四，专利数据难以衡量某些无形的技术或技术的部分内容是难以表述的。尽管专利数据存在着这样的客观问题，国外学者在测度技术创新能力时依然偏爱于利用专利数据。OECD（1996）认为由于统计数据的完整性和统一性，专利数是衡量创新能力的最直接指标。Griliches（1991）也指出，"专利统计为技术变革过程的

分析提供了唯一的数据源泉。就数据质量、可获得性，以及详细的产业、组织和技术细节而言，任何其他数据均无法与其相媲美"。因此本书也采用专利授权数作为衡量创新能力的变量。分别以专利授权总数（PA）、发明专利授权数（INV）、实用新型专利（UTI）和外观设计专利（EXT）作为模型的因变量进行分析。

专利的生产实质是知识的生产。知识生产函数的奠基人Griliches（1979）和Jaffe（1989）都认为知识生产具有物质产品生产的一般特征，其可以用C-D函数形式来表示。此后学者如Fritsch（2002）、Ulrich和Jordi（2006）多是在Griliches和Jaffe基础上进行改进，此类知识生产函数统称为Griliches-Jaffe知识生产函数。除了要素投入外，还有其他因素会影响到区域知识生产能力，在计量模型里被看作控制变量。因此Griliches-Jaffe知识生产函数的一般形式可以表示为

$$Y = f(R) + X\lambda + \varepsilon$$

式中，Y表示创新产出；R表示要素投入；X表示其他的控制变量向量；λ表示待估计参数；ε表示随机误差项。

本书也采用Griliches-Jaffe知识生产函数形式来刻画专利生产。专利生产过程中需要投入劳动和资本，本书用地区R&D人员全时当量表示人员投入（RYTR）。资本投入是指知识生产过程中使用的资本量，是一个存量的概念。由于不存在直接的资本存量统计数据，以及计算上的困难，现有研究较多采用R&D经费内部支出来表示知识生产过程中的资本投入。这种方法一是混淆了存量与增量的概念，因为R&D经费内部支出是新增投入而非知识生产过程中使用的资本总量。二是会产生人员投入和资本投入之间的共线性问题（采用的样本数据显示二者之间的相关系数高达0.97）。本书采用陈劲等（2007）和魏守华等（2010）的做法，舍去经费投入指标，将GDP作为衡量资本存量的指标。一方面地区GDP和创新资本投入往往存在一定的比例关系，同时新增长理论认为已有的知识存量对新知识的生产有重要影响，而GDP一定程度上可以作为衡量区域知识存量的指标。

科技中介发展通过市场完善功能和创新系统优化功能，最终促进社会创新能力的提升。因此有必要将科技中介发展情况作为变量纳入生产函数。科技中介的业务范围非常广泛，缺乏统一的界定，也缺乏统一的统计数据。技术市场（JSSC）是科技中介活动的重要内容，且科技统计部门对此有较为全面的统计，国内学者较多采用技术市场成交合同金额衡量科技中介发展水平。考

虑到数据的可获得性，此处用技术市场成交合同金额作为衡量中介发展水平的指标。

因此构造函数 Innovation = f(JSSC, RYTR, GDP) 来估计区域技术市场发展对创新能力的影响效应。其 C-D 函数取对数后的面板数据计量模型为

$$\ln Innovation_{it} = \alpha + \beta_1 \ln JSSC_{it} + \beta_2 \ln RYTR_{it} + \beta_3 \ln GDP_{it} + \varepsilon_{it}$$

在具体分析中，lnInnovation 分别代表 lnPA、lnINV、lnUTI、lnEXT，即三种专利总量、发明专利数量、实用新型专利数、外观设计专利数的对数形式。α 为截距项，β_1、β_2、β_3 分别是技术市场成交金额、R&D 人员投入、GDP 对专利产出的估计弹性。

二、数据来源及简要分析

本研究使用 2000～2011 年 30 个省（自治区、直辖市）的面板数据（港澳台地区数据未统计在内，西藏自治区由于统计数据不全也不包含在内）。所用数据来自《中国统计年鉴》（2001～2012 年）、《中国科技统计年鉴》（2001～2012 年）。以货币形式表示的名义变量 JSSC、GDP 均用 1978 年为基年的 CPI 指数进行平减。表 4-1 给出了各变量取对数后的描述性统计量。

表 4-1 变量描述性统计

项目	均值	中位数	最大值	最小值	标准差	峰度	偏度	样本数
lnPA	8.131	8.096	12.205	4.248	1.468	0.054	3.048	360
lnINV	5.883	5.814	9.812	1.792	1.485	0.155	2.757	360
lnUTI	7.503	7.562	10.934	3.401	1.440	−0.269	3.188	360
lnEXT	6.907	6.624	11.816	2.944	1.605	0.410	3.197	360
lnJSSC	10.592	10.683	15.023	6.025	1.595	−0.235	3.150	360
lnRYTR	10.343	10.495	12.926	6.743	1.179	−0.689	3.487	360
lnGDP	16.209	16.291	18.361	13.317	0.986	−0.468	3.174	360

对创新能力的简要分析，图 4-1 为非参数核密度估计的不同年份专利授权总数取对数后的样本分布图，从图中可以发现，随着年份的增加，分布不断右移，表明我国区域创新能力不断增强。同时，越往后的年份分布图越扁平，表明各省（自治区、直辖市）创新能力差距不断扩大。

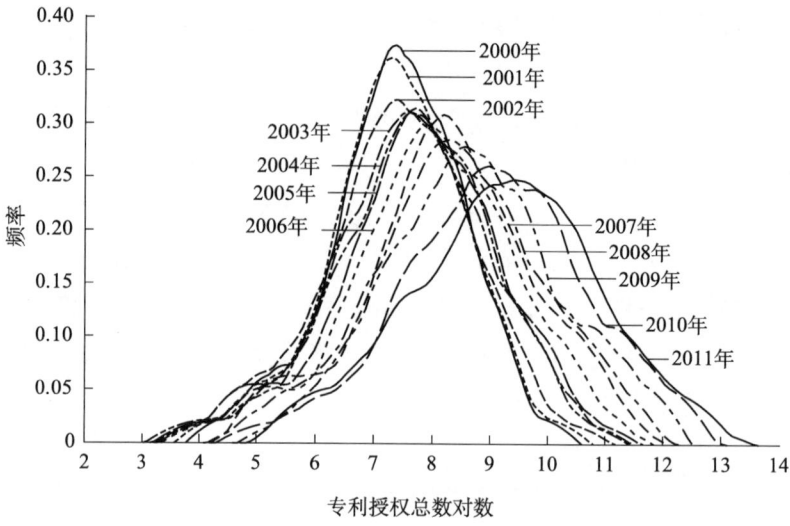

图 4-1　各年份专利授权数样本分布

图 4-2 为各省份专利授权数箱线图。可以看出我国各省（自治区、直辖市）创新能力存在较大差别。排在前面三位的分别为广东、江苏、浙江。排在后三位的分别是青海、宁夏、海南。这种能力的差异同样表现在东、中、西部地区层面，排在前面的都位于东部地区，而排在后面几位的主要位于西部地区。

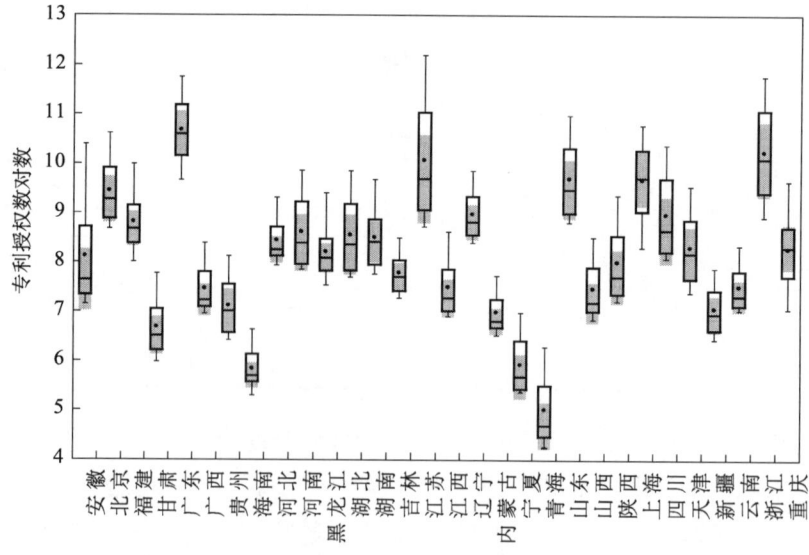

图 4-2　各省份专利授权数样本箱线图

图 4-3（a）为非参数核密度估计的东、中、西部地区专利授权数样本分布图，可以看出，东、中、西部地区专利授权数对数的分布呈从左到右排列，说明东、中、西部区域创新能力表现出递减的趋势。图 4-3（b）是各个分位数下东、中、西部地区专利授权数差异情况，可以看出，在各分位数上，东、中、西部地区专利授权数值依次递减。

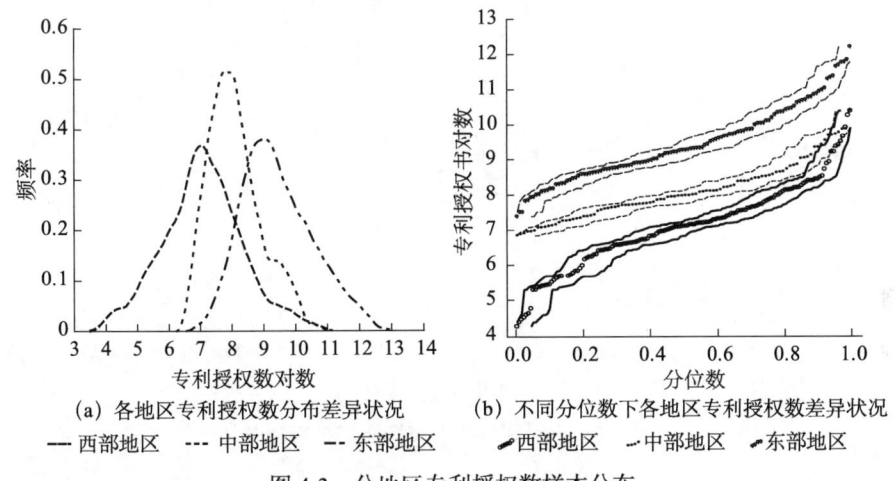

图 4-3　分地区专利授权数样本分布

对技术市场数据的简要分析，图 4-4 为非参数核密度估计的不同年份技术市场交易金额的样本分布图。从图中可以发现全国 12 年来技术市场呈不断增长的趋势。图 4-5 为各省（自治区、直辖市）技术市场成交金额箱线图。表明各省（自治区、直辖市）技术市场发展水平存在较大的差异，排在前列的几个省（自治区、直辖市）都是东部发达省市，包括北京、上海、广东、江苏；排在后几位的主要是西部的宁夏、青海、广西、甘肃。图 4-6（a）为非参数核密度估计的东、中、西部地区技术市场成交额的样本分布图，可以看出，东、中、西部地区技术市场成交额的分布呈从左到右排列，说明东、中、西部区域创新能力表现出递减的趋势。图 4-6（b）是各个分位数下东、中、西部地区技术市场成交额差异情况，可以看到，在各分位数上，东、中、西部地区技术市场成交数值依次递减。

分别比较图 4-1 与图 4-4，图 4-2 与图 4-5，图 4-3 与图 4-6，可以发现它们分别表现出大体相似的特征，说明区域创新能力与技术市场发展呈较强的正相关关系。图 4-7 为各项专利授权与技术市场成交金额散点图，表明区域创新能力与科技中介发展呈较强的正相关关系。相关性分析表明专利授权总量、发明专利数、实用新型专利和外观设计专利与技术市场成交金额的相关系数分别为 0.795、0.796、0.792、0.723。

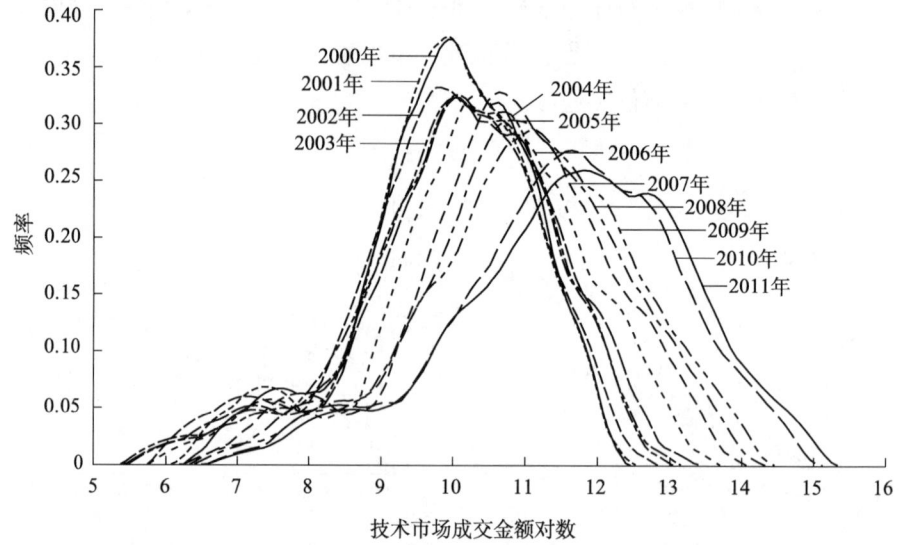

图 4-4　不同年份技术市场成交金额分布

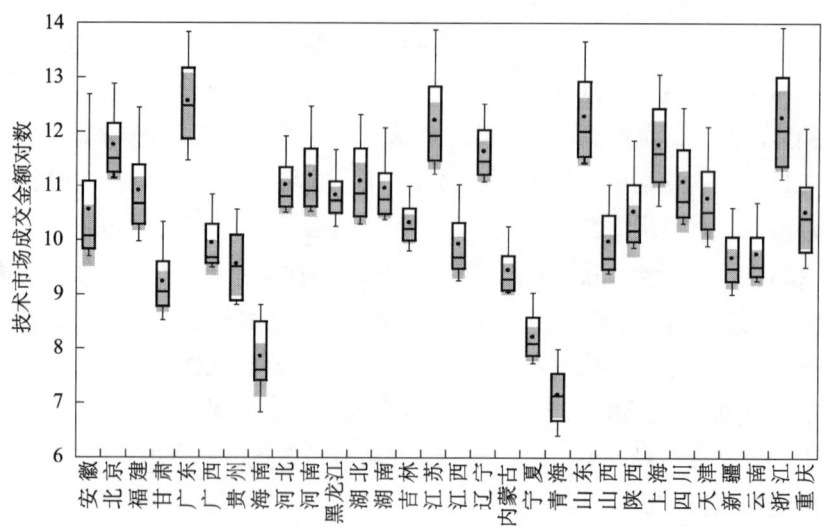

图 4-5　各省（自治区、直辖市）技术市场成交金额箱线图

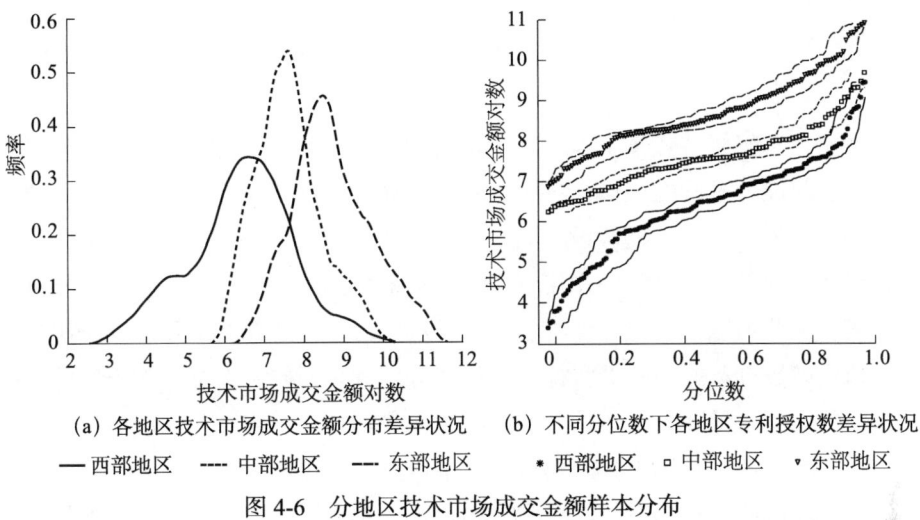

(a) 各地区技术市场成交金额分布差异状况　　(b) 不同分位数下各地区专利授权数差异状况
—— 西部地区　---- 中部地区　-·- 东部地区　　　＊ 西部地区　□ 中部地区　▼ 东部地区

图 4-6　分地区技术市场成交金额样本分布

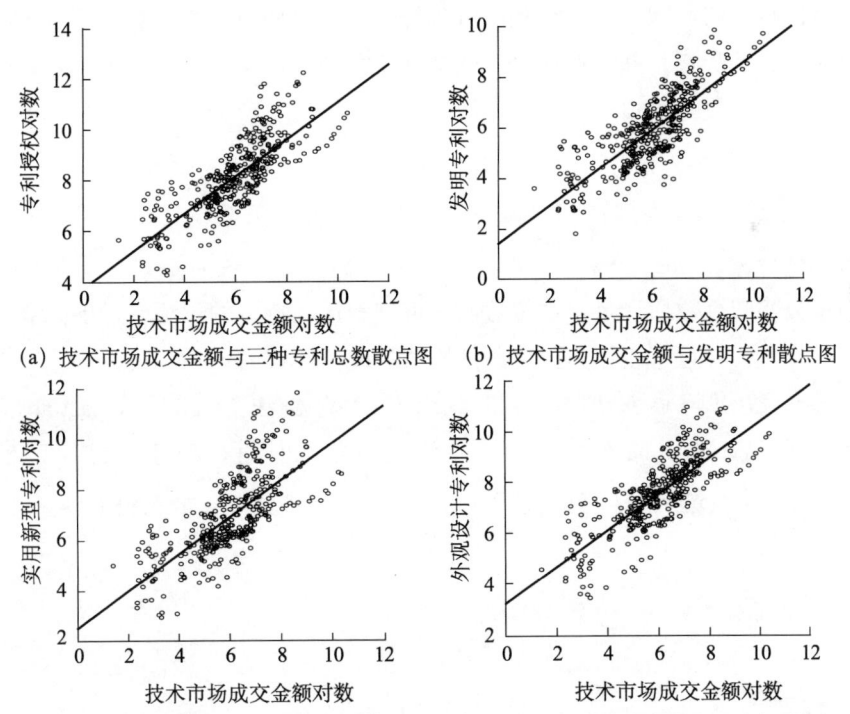

(a) 技术市场成交金额与三种专利总数散点图　(b) 技术市场成交金额与发明专利散点图

(c) 技术市场成交金额与实用新型专利散点图　(d) 技术市场成交金额与外观设计专利散点图

图 4-7　技术市场成交金额与各项专利授权散点图

第三节 实证分析

一、方法选择

本研究不仅要从整体上检验技术市场对区域创新能力的影响，还要发现对于区域创新能力不同的区域，这种影响的差异性。由于普通最小二乘法本质是对条件均值进行回归，其假设不同分布点自变量的效果是相同的，估计的是自变量对因变量条件平均数的作用效果。普通最小二乘法主要用于估计和检验均值效应，因此不能识别这种差异性。一种看似可行的思路是采用样本分组的方式，依据区域创新能力高低将样本分组，分别进行回归。但分组的方法将会使得每组的样本数量随着分组的增加而减少，尤其是在分组数很多的时候，每组样本数将减少得非常厉害，从而造成样本信息的大量损失。

分位数回归最早由 Koenker 和 Bassett 于 1978 年提出。有别于普通最小二乘法依据因变量均值进行回归，分位数回归方法是依据因变量的条件分位数对自变量进行回归，因此可以得到所有分位数下的自变量回归系数，度量出回归变量对分布的影响，并能捕捉分布的尾部特征。

第 τ 分位数的回归方程表达式是

$$\hat{y}_{(\tau)} = X'\hat{\beta}_{(\tau)}$$

式中，X, β 都为 $K \times 1$ 阶列向量；$\hat{\beta}_{(\tau)}$ 为分位数回归系数估计量，或最小绝对离差和估计量。当 $\tau = 0.5$ 时，$\hat{y}_{(0.5)t} = X'\hat{\beta}_{(0.5)}$ 称作中位数回归方程，$X'\hat{\beta}_{(0.5)}$ 称作中位数回归系数估计量。中位数回归模型表达在特定的预测变量下因变量的条件中位数，并且可以作为拟合条件均值的线性回归的一种替代方法。

分位数回归通过加权的最小绝对离差和法（weighted least absolute deviation，WLAD）而不是最小二乘法进行参数估计。对于线性回归模型 $y_t = X'\beta + \mu_t$，第 τ 分位数回归方程系数的估计量 $\hat{\beta}_{(\tau)}$ 是使下式（目标函数）最小的 β 值。

$$Q(\beta, \tau) = -\sum_{\hat{u}_{(\tau)t}<0}^{T} (1-\tau)\hat{u}_{(\tau)t} + \sum_{u_{(\tau)t}>0}^{T} \tau u_{(\tau)t}$$

$$= -\sum_{t:y_t<X'\hat{\beta}_{(\tau)}}^{T} (1-\tau)(y_t - X'\hat{\beta}_{(\tau)}) + \sum_{t:y_t>X'\beta_{(\tau)}}^{T} \tau(y_t - X'\beta_{(\tau)})$$

式中，$\hat{u}_{(\tau)t}$ 表示第 τ 分位数回归方程对应的残差，$\tau \subset (0,1)$。

例如，当 $\tau = 0.6$ 时，目标函数为

$$Q(\boldsymbol{\beta}, 0.6) = -\sum_{t:y_t < X'\hat{\boldsymbol{\beta}}_{(0.6)}}^{T} (1-0.6)(y_t - X'\hat{\boldsymbol{\beta}}_{(0.6)}) + \sum_{t:y_t > X'\boldsymbol{\beta}_{(0.6)}}^{T} 0.6(y_t - X'\boldsymbol{\beta}_{(0.6)})$$

需要指出的是，分位数回归是对样本观测值采用不同的加权方法，而不是将样本按收入高低划分为各个子样本再进行回归。因此，当 $\tau = 0.9$ 时，分位数回归中包含了全部样本数据，只不过赋予 90% 收入回归线之上的观测点以 0.9 的权重，而赋予回归线之上的样本点的权重仅为 0.1。

估计第 τ 分位数的参数估计值 $\hat{\boldsymbol{\beta}}_{(\tau)}$，即是对目标函数 $Q(\boldsymbol{\beta}, \tau)$ 的最小化。最小化 $Q(\boldsymbol{\beta}, \tau)$ 的一阶条件是

$$\frac{1}{T}\sum_{t=1}^{T} x_t (\tau - I_{\{y_t - x_t'\beta\}}) = 0$$

式中，I 为指示函数（indicator function）。

$$I_{\{y_t - x_t'\beta\}} = \begin{cases} 1, y_t - x_t'\beta < 0 \\ 1, y_t - x_t'\beta \geq 0 \end{cases}$$

分位数回归算法主要有单纯形算法、内点算法、平滑算法等。通过以上算法可以计算得到分位数回归参数估计值 β。

分位数回归方法对于因变量的某些非标准分布下回归方程的系数估计有较好的效果。基于这一特点，在对变量之间的关系进行分析时，采用面板数据模型进行分位数回归可以使各参数估计显著程度更高，回归分析结果更加稳健。对一个样本，估计的分位数回归式越多，对被解释变量条件分布的理解就越充分。对于不同分位数回归函数，如果回归系数的差异很大，说明在不同分位数上解释变量对被解释变量的影响是不同的。

关于技术市场影响区域创新能力的分位数回归模型如下：

$$Q_\tau(\ln\text{Innovation}_{it} | \tau) = \alpha_\tau + \beta_{1,\tau}\ln\text{ZJFZ}_{it} + \beta_{2,\tau}\ln\text{RYTR}_{it} + \beta_{3,\tau}\ln\text{GDP}_{it} + \varepsilon_{it,\tau}$$

本书将分别对样本进行均值回归和分位数回归。采用计量软件 Eviews 8.0 对数据进行处理。

二、均值回归结果分析

面板数据回归模型的选择。本书样本为 2000～2011 年 30 个省（自治区、直辖市）的相关数据，包括个案和时间的信息，构成面板数据。依据模型残差项 ε_{it} 性质，面板数据模型有估计参数的不同形式。若 $\varepsilon \sim iidN(0,\sigma^2)$，称为混合模型，则可用 OLS 估计。若 $\varepsilon_{it} = \alpha_i + \lambda_t + u_{it}$，$u_{it} \sim iidN(0,\sigma^2)$，

$E(X_{it}/u_{it})=0$,且 α_i,λ_t 为常数,则需采用固定效应模型,可通过设定个体和时间虚拟变量的形式进行估计。若 $u_{it} \sim iidN(0,\sigma^2)$,$E(X_{it}/u_{it})=0$,且 α_i,λ_t 为随机变量,则需采用随机效应模型。实证中一般通过似然比检验(LR test)固定效应的联合显著性(原假设为 H_0: $\alpha_i=0$)。通过 Breusch 和 Pagan 的 LM 检验(原假设为 H_0: $\sigma_\alpha^2=0$)随机效应。LM 检验的结果如果无法拒绝 H_0,则表明随机效应存在的可能性不大。但是,如果检验结果拒绝了 H_0 的话,也不能保证随机效应一定存在,只能说明是可能存在随机效应,因为如果存在固定效应的话,同样可能会有拒绝 H_0 的结果。因此还需要通过 Hausman 检验(原假设为 H_0: $E(\alpha_i|X_{it})=0$)来判断应该使用固定效应模型还是随机效应模型。

所选面板数据时间较短,且在此期间我国专利授权制度没有发生大的变动,因此假定不存在明显的时间效应,只对个体效应进行检验。分别对以 lnPA、lnINV、lnUTI、lnEXT 为因变量的四个模型进行个体随机效应和固定效应检验。对随机效应模型进行 Breusch 和 Pagan 的 LM 检验,P 值都小于 0.05,说明可能存在随机效应。对固定效应模型的联合显著性进行似然比检验(LR 检验),P 值都小于 0.05,说明存在固定效应。对每组随机效应模型和固定效应模型进行 Huasman 检验,P 值分别为 0.037,0.003,0.013,0.022,在 0.05 的显著性水平下拒绝横截面效应与解释变量之间不相关的假设,因此四个模型都采用固定效应模型。各模型的随机效应和固定效应均值回归结果分别位于表 4-2。

由表 4-2 可知,四个固定效应模型的调整可决系数 R^2 分别为 0.965,0.939,0.965 和 0.936,联合显著性 F 检验的 P 值都在 0.001 以下。这说明所选三个自变量能够解释各因变量变动的 93% 以上,模型整体拟合较好。

各模型中,自变量科技中介发展的系数分别为 0.122、0.111、0.090 和 0.151,且在 95% 的置信水平上显著。这说明区域技术市场成交额每增加 1%,可以使区域专利授权总量增加 0.12%,而对外观设计专利的提升作用则达到 0.15%。总体来看,技术市场对专利生产有正向且显著的影响。技术市场活动主要包括技术开发、技术转让、技术服务与技术咨询四部分内容。这些活动都可以促进区域知识的流动,建立起区域与外界的联系,从而技术市场的活跃可以提升创新资源的使用效率。同时,技术市场的活跃,使知识产品价值得以显现,技术市场的这种价格发现功能,会激发科研机构和企业的创新积极性。再有,通过技术市场的转让、许可等方式可以极大地降低专利生产的风险。技术交易市场的这几点功能，共同提升了区域创新能力。

表 4-2 面板数据均值回归结果

自变量	lnPA 随机效应模型	lnPA 固定效应模型	lnINV 随机效应模型	lnINV 固定效应模型	lnUTI 随机效应模型	lnUTI 固定效应模型	lnEXT 随机效应模型	lnEXT 固定效应模型
lnZJFZ	0.101 (3.66)***	0.122 (4.46)***	0.076 (1.91)*	0.111 (2.65)***	0.059 (2.28)**	0.090 (2.90)***	0.136 (3.20)***	0.151 (3.28)***
lnRYTR	0.522 (7.91)***	0.633 (7.87)***	0.484 (5.38)***	0.855 (7.95)***	0.600 (10.02)***	0.758 (9.54)***	0.466 (4.53)***	0.545 (4.58)***
lnGDP	0.800 (12.50)***	0.723 (9.60)***	1.114 (12.51)***	1.033 (10.32)***	0.731 (12.42)***	0.619 (8.30)***	0.733 (7.41)***	0.659 (5.92)***
常数项	−10.85 (−19.91)***	0.162 (5.60)***	−17.63 (−22.2)***	−19.69 (−24.8)***	−10.91 (−21.01)***	−10.18 (−17.31)***	−10.61 (−12.95)***	−10.35 (−11.88)***
Adj_R^2	0.849	0.965	0.804	0.939	0.860	0.964	0.687	0.936
F 值	0	0	0	0	0	0	0	0
LR 检验		P=0		P=0		P=0		P=0
BP 检验	P=0		P=0		P=0		P=0	
Huasman 检验	P=0.037		P=0.003		P=0.013		P=0.022	

注：① 括号内是 t 统计量估计值，***、**、* 分别表示在 1%、5%、10% 水平上通过显著性检验。② P 固定效应模型分别包含 29 个截距项，由于篇幅限制，在此没有给出

自变量 lnRYTR 的系数分别为 0.633、0.855、0.758、0.554，并且显著。说明 R&D 人员投入每增长 1%，各专利产出增长 0.7%。其中人员投入对发明专利的作用最强，对实用新型专利的作用次之，对外观设计专利最弱。可能是因为这三者的技术含量递减的原因，实用新型专利，尤其是外观设计专利更多是在企业生产过程中进行，相对发明专利来说，对专业的 R&D 人员依赖要小。

三个自变量中，GDP 的弹性最大。其对三种专利授权总数的弹性为 0.72，对专利发明的弹性达到 1，对实用新型和外观设计专利的弹性为 0.6 左右。一方面可以说明区域经济基础对创新能力有重要作用；另一方面，如果把 GDP 看作衡量区域知识存量的指标，说明知识生产存在马太效应，原有优势会进一步得到强化。

另外要说明的是，自变量弹性只表明其自身变化百分之一，因变量会变化百分之几。但弹性并不是决定其对自变量区域创新能力变动贡献大小的唯一因

素，还应该看到自变量自身变化多少。就三种专利授权总数来看，虽然中介发展的弹性只有0.12，而R&D人员投入和GDP的弹性分别为0.63和0.72，分别是中介发展弹性的5倍和6倍。但考虑到在2000～2011年，我国科技市场成交金额实际增长分别是R&D人员投入和GDP实际增长的1.8倍和1.6倍，则中介发展对三种专利授权数的促进作用与人员投入及GDP对三种专利授权数的促进作用的差距并不是如三者弹性显示的那么大。

三、分位数回归结果分析

均值回归分析表明，应该使用固定效应对模型进行分析，因此分位数回归也应该在固定效应模型下进行。由于分位数回归能够估计所有分位数下的回归式，表4-3～表4-6中的固定效应分位数回归列出了具有代表性的0.15、0.25、0.35、0.50、0.65、0.75和0.85分位点的回归结果。图4-8～图4-11分别为各模型中自变量lnJSSC在因变量的不同分位数上的回归系数及95%置信区间，从中可以很直观地看出JSSC弹性变动的趋势。

表4-3 分位数回归结果（lnPA 为因变量）

模型1			lnPA						
自变量	随机效应均值回归	固定效应均值回归	固定效应分位数回归分位点						
			0.15	0.25	0.35	0.50	0.65	0.75	0.85
lnJSSC	0.101 (3.66)***	0.122 (4.46)***	0.043 (0.88)	0.047 (1.11)	0.084 (2.04)**	0.098 (2.21)**	0.133 (2.97)***	0.144 (3.69)***	0.165 (2.14)**
lnRYTR	0.522 (7.91)***	0.633 (7.87)***	0.372 (2.42)**	0.398 (2.81)***	0.454 (3.73)***	0.505 (4.77)***	0.664 (5.19)***	0.815 (6.71)***	0.761 (3.21)***
lnGDP	0.800 (12.5)***	0.723 (9.60)***	0.961 (6.54)***	0.981 (8.03)***	0.913 (8.70)***	0.845 (8.17)***	0.665 (5.58)***	0.569 (4.98)***	0.603 (3.33)***
常数项	−10.85 (−19.91)***	0.162 (5.60)***	−11.60 (−8.29)***	−12.123 (−10.30)***	−11.721 (−13.04)***	−11.176 (−12.29)***	−9.858 (−10.96)***	−9.764 (−11.75)***	−9.721 (−10.27)***
Adj_R^2	0.849	0.965	0.857	0.838	0.829	0.817	0.811	0.817	0.815
Prob(F)	0.00	0.00	0.00	0.00	0.00	0.00	0.00	0.00	0.00

注：①括号内是t统计量估计值，***、**、*分别表示在1%、5%、10%水平上通过显著性检验；②固定效应模型分别包含29个截距项估计值，由于篇幅限制，在此没有给出。表4-4～表4-6做同样说明

表 4-4 分位数回归结果（lnINV 为因变量）

模型 2	lnINV								
自变量	随机效应均值回归	固定效应均值回归	固定效应分位数回归分位点						
			0.15	**0.25**	**0.35**	**0.50**	**0.65**	**0.75**	**0.85**
lnJSSC	0.076 (1.91)*	0.111 (2.65)***	0.139 (1.55)	0.0904 (1.34)	0.121 (2.09)**	0.092 (1.77)*	0.141 (2.53)**	0.070 (1.23)	0.083 (1.28)
lnRYTR	0.484 (5.38)***	0.855 (7.95)***	0.780 (2.01)**	0.747 (2.23)**	0.702 (4.61)***	0.821 (5.56)***	0.876 (5.49)***	0.982 (7.41)***	0.884 (5.29)***
lnGDP	1.114 (12.5)***	1.033 (10.3)***	1.384 (4.40)***	1.285 (4.82)***	1.168 (8.29)***	1.036 (7.60)***	0.995 (6.88)***	0.958 (6.67)***	1.024 (6.64)***
常数项	−17.63 (−22.2)***	−19.69 (−24.86)***	−25.18 (−12.53)***	−23.03 (−12.5)***	−20.61 (−17.36)***	−19.36 (−17.93)***	−19.44 (−17.56)***	−19.19 (−16.5)***	−18.93 (−14.71)***
Adj_R^2	0.804	0.939	0.767	0.754	0.754	0.764	0.776	0.783	0.795
Prob(F)	0.00	0.00	0.00	0.00	0.00	0.00	0.00	0.00	0.00

表 4-5 分位数回归结果（lnUTI 为因变量）

模型 3	lnUTI								
自变量	随机效应均值回归	固定效应均值回归	固定效应分位数回归分位点						
			0.15	**0.25**	**0.35**	**0.50**	**0.65**	**0.75**	**0.85**
lnJSSC	0.059 (2.28)**	0.090 (2.90)***	0.057 (1.11)	0.020 (0.52)	0.054 (1.30)	0.038 (1.16)	0.134 (2.83)***	0.161 (3.86)***	0.136 (2.02)***
lnRYTR	0.600 (10.02)***	0.758 (9.54)***	0.581 (3.41)***	0.578 (4.01)***	0.725 (5.96)***	0.764 (7.45)***	0.764 (7.44)***	0.817 (8.02)***	0.807 (5.83)***
lnGDP	0.731 (12.42)***	0.619 (8.30)***	0.824 (3.83)***	0.848 (5.39)***	0.718 (5.69)***	0.679 (6.40)***	0.592 (5.59)***	0.555 (5.73)***	0.584 (4.01)***
常数项	−10.91 (−21.0)***	−10.18 (−17.3)***	−11.803 (−5.60)***	−11.894 (−8.14)***	−11.314 (−10.3)***	−10.972 (−12.1)***	−10.013 (−11.7)***	−9.925 (−13.1)***	−10.05 (−8.95)***
Adj_R^2	0.860	0.964	0.858	0.841	0.829	0.812	0.801	0.792	0.793
Prob(F)	0.00	0.00	0.00	0.00	0.00	0.00	0.00	0.00	0.00

表 4-6 分位数回归结果（lnEXT 为因变量）

模型 4			lnWGSJ						
自变量	随机效应均值回归	固定效应均值回归	固定效应分位数回归分位点						
			0.15	0.25	0.35	0.50	0.65	0.75	0.85
lnJSSC	0.136 (3.20)***	0.151 (3.28)***	0.097 (1.22)	0.135 (1.87)*	0.124 (2.37)**	0.135 (2.46)**	0.125 (2.53)***	0.189 (3.60)**	0.183 (2.14)**
lnRYTR	0.466 (4.53)***	0.545 (4.58)***	0.412 (2.04)**	0.429 (1.90)*	0.357 (2.19)**	0.437 (3.18)***	0.531 (3.50)***	0.611 (2.86)***	0.728 (1.53)
lnGDP	0.733 (7.41)***	0.659 (5.92)***	0.642 (3.12)***	0.652 (3.19)***	0.698 (4.99)***	0.657 (5.28)***	0.628 (5.00)***	0.54 (3.61)***	0.431 (1.42)
常数项	−10.61 (−12.95)***	−10.35 (−11.88)***	−8.856 (−4.87)***	−9.309 (−6.04)***	−9.221 (−8.66)***	−9.31 (−9.03)***	−9.598 (−9.87)***	−9.009 (−10.35)***	−8.272 (−6.62)***
Adj_R^2	0.687	0.936	0.774	0.758	0.758	0.760	0.766	0.767	0.783
Prob(F)	0.00	0.00	0.00	0.00	0.00	0.00	0.00	0.00	0.00

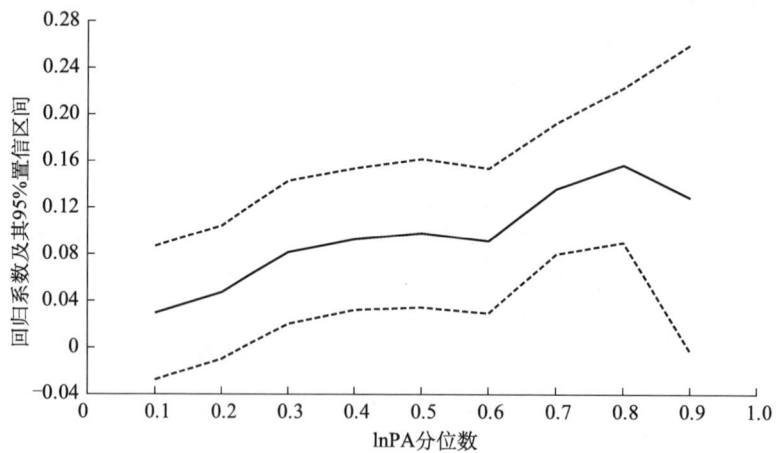

图 4-8 lnPA 各分位数上 lnJSSC 回归系数及其 95% 置信区间

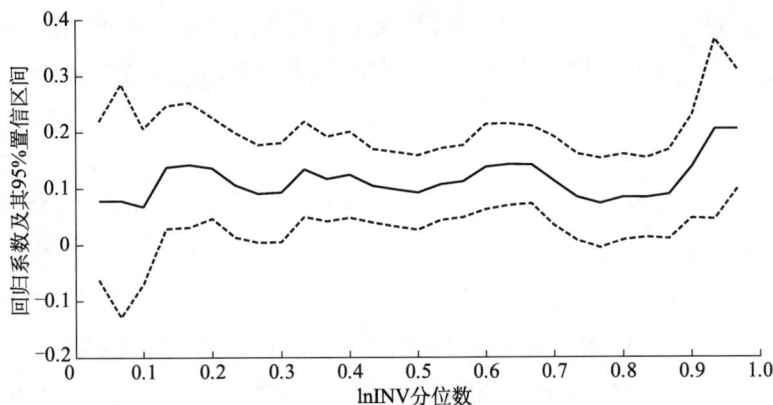

图 4-9　lnINV 各分位数上 lnJSSC 回归系数及其 95% 置信区间

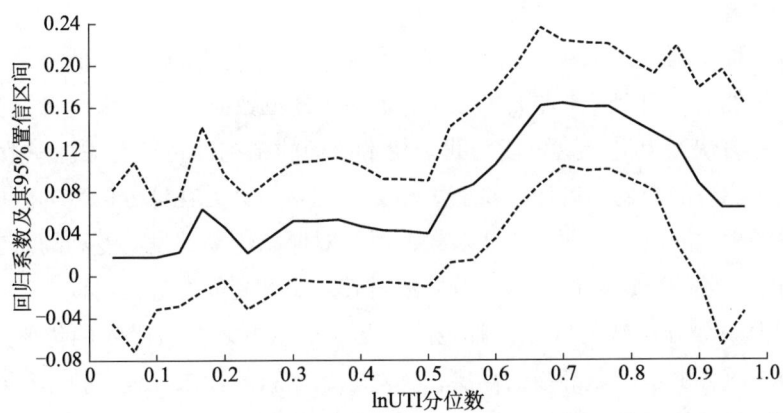

图 4-10　lnUTI 各分位数上 lnJSSC 回归系数及其 95% 置信区间

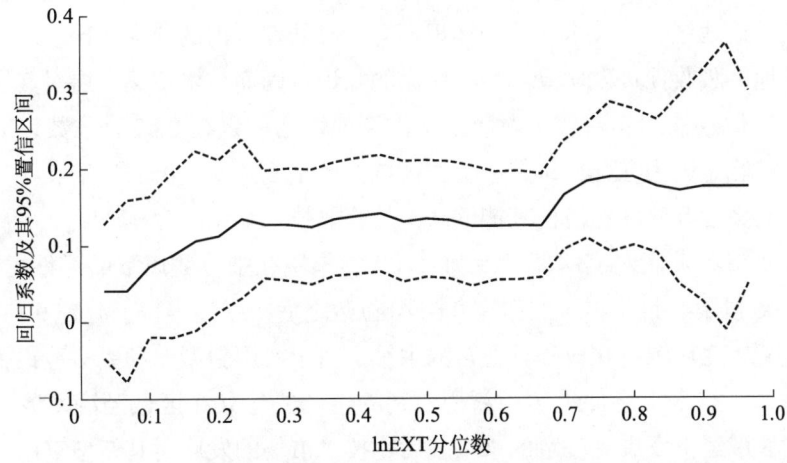

图 4-11　lnEXT 各分位数上 lnJSSC 回归系数及其 95% 置信区间

分位数回归结果比均值回归结果反馈了更多的信息。均值回归显示，在专利授权数（PA）的均值水平上，技术市场成交金额的弹性为0.12。而分位数回归结果表明，在不同的分位数上技术市场成交金额的弹性是不同的。具体来说，在专利授权数的0.15、0.25、0.25、0.50、0.65、0.75、0.85分位数上，技术市场成交金额的弹性分别为0.043、0.047、0.084、0.098、0.133、0.144、0.165。表明随着区域创新能力的提升，技术市场成交金额对区域创新能力的正向作用在不断增强。同时结果还显示在0.15和0.25分位数上，LnJSSC的系数是不显著的，即技术市场发展对区域创新能力的促进效应没有通过检验。但在创新能力0.35分位数上，LnJSSC的系数在95%的置信水平上显著，之后显著性不断增加。说明区域创新能力越强，技术市场发展对区域创新能力促进效应越显著。

将三种专利分开来看。技术市场发展对发明专利（INV）在低分位数时弹性较小，然后上升到0.1左右的水平，在0.7分位数有快速下降趋势，在0.85分位数左右快速上升。这可能与我国技术市场的结构性特征有关。一般来说，区域创新能力的强弱与区域经济实力相关。创新能力处在低分位数的区域，其经济发展相对滞后，产业结构相对较低级，对原始创新的发明专利的需求和消化能力都比较缺乏，因而技术市场发展对其发明专利的推进作用较小。而处在创新能力中等分位数的区域，其经济基础一般较好，具备吸收消化原始创新的能力。而且由于产业升级的需要，其对原始创新的需求旺盛。技术市场的发展，有助于其从经济发达地区引进知识进行原始创新，从而推进了发明专利的增长。因而，技术市场对其发展专利生产促进作用明显。处在创新能力较高分位数的发达地区，其技术水平和知识拥有量已处在国内的前沿，比较难从比其落后的地区吸收促进发明专利生产所需的知识。因而技术市场发展对其发明专利生产的促进作用相对较小。而技术市场弹性之所以在0.85分位数以上快速上升，可能是因为在此分位数以上的区域主要是北京、上海、广东、江苏几个省市，其高度开放的经济使其能够从国外获取技术知识。

技术市场发展对实用新型专利(UTI)的作用在中位数以下的弹性比较小，都在0.06以下，且不显著。但在0.65分位数之后，弹性很快上升到0.134，且变得显著，之后维持在较高且显著的水平。由于实用新型专利更多地跟企业生产相联系，技术市场促进实用新型专利的生产要建立在区域经济发展的基础上。当区域经济发展到一定的水平之后，技术市场的发展对其新型实用专利的促进作用凸显出来。

技术市场发展对外观设计的促进作用最大，且从低分位数到高分位数呈逐渐增强趋势，在高分位数区域其弹性甚至达到了 0.18，比对发明专利和实用新型专利的作用明显要大。这也说明我国技术交易市场交易内容尚处在较低水平。

四个模型都显示 R&D 人员投入对专利生产的重要性在不断增强。就三种专利总量而言，在其 0.25 分位数时，R&D 人员投入的弹性为 0.397，此后逐渐增加，到 0.75 分位数时，R&D 人员投入的弹性上升到 0.815。另一个特征是 R&D 人员投入对发明专利的影响比对实用新型专利和外观设计专利的影响几乎在所有分位数上都要高出不少。可能的原因是发明专利主要由专业的科研人员创造，而实用新型专利和外观设计专利可以较多地在生产环节由非专业科研人员创造。

第四节　结论及政策含义

本章以我国 30 个省（自治区、直辖市）2000～2011 年的面板数据为样本，通过面板数据分位数回归对科技中介促进创新能力提升的功能进行实证检验。实证研究结果表明：①作为科技中介重要组成部分的技术市场的发展对区域创新能力具有正向促进作用，从而科技中介促进创新能力提升的功能得到实证检验。在区域创新能力的不同水平上，技术市场促进区域能力提升的效应大小是变动的。总体来说，创新能力分位数越高，科技中介对创新能力的促进效应越强。②对于不同的创新内容，技术市场发展对其促进作用的大小是有差异的。对外观设计专利的促进作用最大，而对实用新型专利的促进作用最小。

对于谋求创新能力提升的区域而言，研究结果的政策含义在于：科技中介发展具有促进区域创新能力提升的功能。而且，随着创新能力，这种功能不断加强，促进作用越来越大。虽然在设定的三个自变量中，技术市场对创新能力的弹性系数较小，但是，技术市场是三个变量可变动幅度最大的。2000～2011 年，我国技术市场成交金额的增长分别是 GDP 和 R&D 人员投入增长的 1.6 倍和 1.8 倍。因此，其对创新能力的促进作用不可轻视。各地方政府应该通过积极健全区域科技中介服务体系，加快技术市场发展，促进内部知识要素的流动，建立与外部知识和技术交流的通道，以此促进区域创新能力的提升。

第五章
我国科技中介功能实现的障碍
——需求方面

科技中介服务作为一个行业，必然涉及科技中介服务的需求和供给两个方面。创新主体对科技中介服务充足的需求和科技中介服务机构高效的供给是科技中介功能实现的两个前提条件。当这两个条件不能满足时，科技中介功能就不能有效发挥。本章和第六章分别从需求和供给这两个方面分析我国科技中介功能实现存在的障碍。

影响市场对科技中介需求的因素有很多，如经济发展水平、企业数量、企业创新活跃度等。经济发展水平越高、经济规模越大、企业数量越多、企业创新越活跃，社会对科技中介服务的需求就越大。这些变量在短期内是不容易改变的。

如果说以上变量决定了社会对科技中介的潜在需求，那么从潜在需求到现实的购买之间还有一个变量在发挥作用，那就是企业对科技中介的接受意图。接受意图越高，潜在的需求将更多地转换为现实的购买。接受意图越低，潜在需求将不能有效转换为现实需求。

虽然科技中介被看作是企业获取外部创新资源的重要桥梁，对企业尤其是中小企业实施开放性创新具有重要意义，企业也需要科技中介提供各种服务。但世界各国实践证实，在科技中介发展的初期，企业对科技中介的接受意图不高是制约科技中介发展的主要瓶颈（陈天荣，2011）。国内关于科技中介发展的文献几乎都将社会接受程度不高列为阻碍我国科技中介发展的主要原因之一。笔者在江西南昌、萍乡、新余等地开展调研的过程中，科技中介机构反映最多的问题也是企业对科技中介机构的接受程度普遍不高，甚至有些企业在一定程度上对科技中介机构持排斥态度。社会对科技中介机构接受意图低，阻碍了对科技中介的潜在需求向现实购买的转换。因此，可以认为，就当前而言，我国企业对科技中介机构接受程度不高是从需求方面阻碍科技中介功能实现的最重要的原因。

影响企业和企业管理者对科技中介接受意图的因素是多方面的。本章试图通过构建科技中介接受意图模型，实证研究影响科技中介被接受的主要因素。在识别主要影响因素的基础上，提出相应的对策建议。本章的主要思路如下：首先简要介绍社会行为科学理论中主要技术接受模型的发展与演化；然后以整合的科技采纳与利用模型为理论基础，构建科技中介接受意图模型；设计相关问卷并实施调查，利用 AMOS 和 SPSS 软件对调查结果进行因子分析和结构模式分析，从而发现影响科技中介接受意图的因素；最后对实证结果进行分析并提出其政策含义。

第一节　技术接受模型发展演进

一、理性行为理论和计划行为理论

技术接受模型（technology accept model，TAM）是研究客户对事物接受和采纳的经典理论，其源于早期的理性行为理论（theory of reasoned action，TRA）和计划行为理论（theory of planned behavior，TPB）。

理性行为理论主要适用于分析态度如何有意识地影响行为。该理论在社会心理学领域中得到广泛应用，已被证明能较好地预测并解释众多领域的人类行为，是研究人类行为的最有影响力的理论之一。理性行为理论认为人们的行为态度和主观准则决定其行为意图，由行为意图可以推断其行为。行为态度是指客户自身对事物的认可程度。主观准则是客户感知的外部力量对其行为的认同，如他认为对自己很重要的人希望他如何行动，社会行为规范对其产生的影响等。行为态度和主观准则共同决定了人的行为意图，导致了行为的发生与改变。

计划行为理论是对理性行为理论的发展。理性行为理论的一个主要缺陷在于其认为个人的意志力能够控制行为的发生，从而不受外部环境和资源拥有量的控制。但实际上从个人态度到行为意图的发生，往往受个人能力和资源的影响。计划行为理论在理性行为理论的基础上，引进决定行为意图的第三个变量——感知的行为控制，从而克服了理性行为理论的这一缺陷。图5-1所示全部内容为计划行为理论模型，虚线框内为理性行为理论模型。

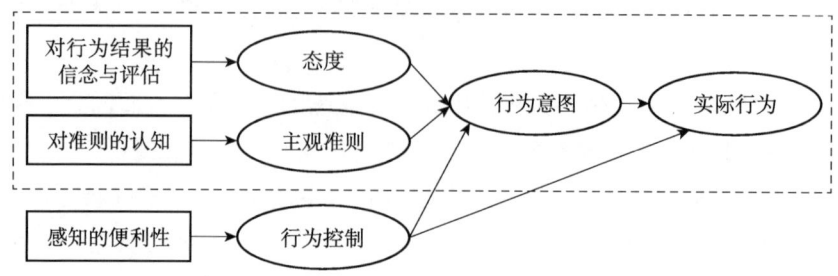

图5-1　理性行为理论和计划行为理论模型

二、技术接受模型

Davis在TRA和TPB的基础上，吸收了期望理论模型、自我效能理论等相关理论中的合理内核，发展出了技术接受模型（TAM）。Davis接受了早期行为理论关于行为意图决定实际行为的假说，其最大的进步在于检验了行为态度转化为行为受哪些因素的影响。技术接受模型将行为主体对对象系统感知的有用性（PU）和感知的易用性（PEOU）作为影响态度的两个关键变量纳入模型，构建了感知的有用性、感知的易用性、用户态度、行为意图和实际行为之间的结构性因果关系。感知的有用性被定义为"客户认为使用该特定系统将提高其工作绩效的主观可能性"。感知的易用性是指客户认为适应新系统需要付出的努力程度，如果需要付出较大的努力才能适应新系统，则感知的易用性较差。态度是指客户使用该系统的总体评价和倾向性，由感知的有用性和感知的易用性共同决定。态度和感知的有用性同时影响行为意图，而行为意图最终决定实际行动。TAM模型中还包含一些外部变量，如系统特性、系统设置过程、使用者介入阶段等。这些外部变量通过影响有用性和易用性，从而间接影响行为意图和实际行动。TAM模型示意图如图5-2所示。

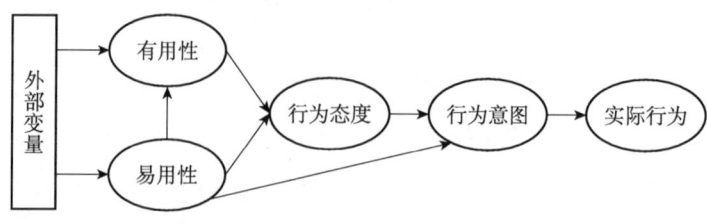

图5-2　TAM模型

技术接受模型由于其较强的可操作性和间接性，得到了学术界广泛认同，成为研究客户接受行为的经典理论。Davis 早期的两篇论文也成为该领域引用最多的文献。Google scholar 显示，截至 2013 年 10 月 31 日，论文 *Perceived usefulness, perceived ease of use, and user acceptance of information technology* 被引用 17 431 次，论文 *User acceptance of computer technology: a comparison of two theoretical models* 被引用 9605 次。

三、技术接受和利用的整合理论

虽然技术接受模型受到了广泛的认可，然而，大部分实证分析结果显示，TAM 模型只能解释用户行为意图的 40%～60%，还有接近一半的相关影响因素不能得到阐释。在 Davis 工作的基础上，许多学者针对研究系统的自身特征对基本 TAM 模型进行修正和改进，发展出了一些新的事物接受模型，如 Venkatesh 和 Davis 对 TAM 模型进行修正，形成了扩展的技术接受模型（TAM2），Dishaw 和 Strong（1999）将任务技术适配模型（task-technology fit，TTF）和技术接受模型进行整合，形成了整合的任务技术适配接受模型。Malhotra 和 Galletta（1999）将社会影响（social influence）作为变量纳入模型，对 TAM 模型进行了扩展，形成了包含社会影响的 TAM 模型。

Venkatesh 等（2003）整合当时技术接受模型相关研究成果，提出了"技术接受和利用的整合理论"（unified theory of acceptance and use of technology，UTAUT），如图 5-3 所示。技术采纳与利用的整合理论认为行为意图由三个变量直接决定，分别是预期绩效（performance expectancy）、预期努力程度（effort expectancy）和社会影响（social influence）；实际行动（usage behavior）则由行为意图（behavioral intention）和便利条件决定（facilitating conditions）。而之前在 TAM 模型中具有重要地位的态度变量没有在 UTAUT 出现。同时 UTAUT 模型中引进了四个个体特征变量（年龄、性别、经验、自愿性）作为调节变量，这些变量分别对不同自变量影响因变量的效应起调节作用。调节变量的引进有利于对技术接受行为的复杂性有更好的理解。UTAUT 模型是当前最综合的接受与采纳行为模型，Venkatesh 等（2003）用不同模型对原始数据比较检验，结果显示，在对行为意图的预测力上，UTAUT 模型能够解释行为意图的 70%，优于其他任何一个模型，表明 UTAUT 模型对接受行为模式有良好的解释能力。

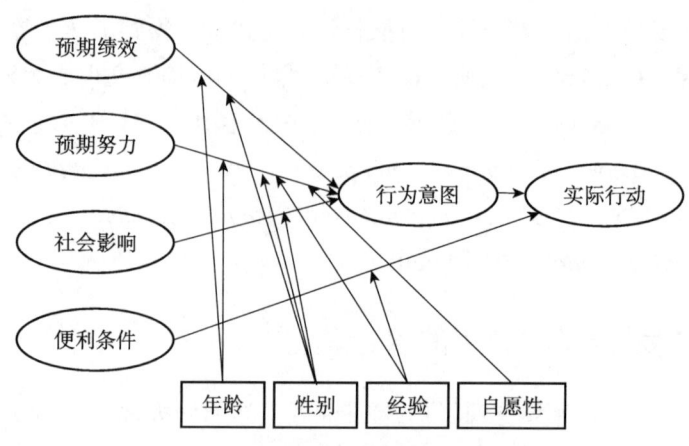

图 5-3 技术接受和利用的整合理论模型

近年来，UTAUT 模型不断发展，一些新的变量被考虑。例如，学者 Baron 利用 UTAUT 模型研究使用者对手机短信的接受，将 UTAUT 的 4 个变量仅保留了社群影响，加入感知有用性、感知易用性和感知愉悦三个变量，并假设他们对使用者的行为意愿和使用行为进行影响，控制变量换成人口特征和经验，该模型尚未得到实证的验证。Cody-allen 在 UTAUT 模型的基础上，加入了三个新的变量：质量、信任和满意，设计出全新的更为复杂的技术接受模型，不过目前还没有经过实证检验。Edwards（2006）利用简化了的 UTAUT 模型研究使用者对电子病历的接受程度，理论模型保留了 UTAUT 模型中的绩效期望和努力期望，同时加入一个新的变量满意，研究假设绩效期望和努力期望会对满意产生影响。

四、技术接受模型的应用

技术接受模型理论发展的过程伴随着实证研究的开展，同时实证研究的结果也促进了理论的发展。过去 20 年里，出现了大量的相关实证研究的文献，如 Davis 等（1989）在发展 TAM 模型和 UTAUT 过程中，分别用这两个模型实证研究了消费者对信息技术的接受行为。Anderson 和 Schwager（2004）研究了中小企业对无线网络技术的接受行为。Nassuora（2012）实证研究了沙特阿拉伯大学生对手机教学的接受行为。近年来，应用科技接受模型研究企业对外部服务机构接受行为的文献也开始出现，如 Bakici 等（2011）通过在 Atizo（一家著名的网络创新平台）网站发布调查问卷的形式，对 113 名创新平台参与者进行调查。利用改进的计划行为理论模型对调查数据进行实证检验。

近年来，国内学者也开始利用技术接受模型的理论框架实证研究社会主体对新事物的接受行为。邓朝华等（2007）利用技术接受模型和网络外部性理论，以移动环境下消费者普遍使用的短信服务为研究对象，研究了移动环境下影响消费者移动服务使用行为的因素，提出了基于 TAM 和网络外部性的移动服务用户使用行为模型，并进行了实证检验。高平等（2004）在科技采纳模型和任务技术匹配模型的基础上，分析了影响企业 ERP 实施的行为因素，并提出通过控制这些因素来提高 ERP 系统实施的成功率和使用效果。苏婉等（2013）基于 UTAUT 建立了物联网用户接受模型，指出感知风险、绩效期望、努力期望、社会影响、便利条件等因素对用户使用意图的影响。何德华和鲁耀斌（2009）从最终用户的角度对农村移动信息服务的接受行为进行实证研究，验证农村居民接受移动信息服务的几个基本假定，即成本、信任、满意、绩效期望、努力期望、社会影响及便利条件几个方面的因素在农村用户接受移动信息服务行为中的作用，其中，"满意"对接受移动信息服务的使用意向起中介作用，而成本越高，使用移动服务的行为预期越低。由于各模型结构的差异，以及实证研究对象的不同，技术接受模型对行为者接受意图的解释能力也存在较大差异。有些实证对接受意图的接受能力只有 0.13，最高的则达到 0.7，多数为 0.3～0.5（朱阁等，2010）。

综合以上对技术接受模型理论发展脉络的梳理，可以得到以下启示。

（1）所有模型都是认同行为意图决定实际行为，即实际行动可以通过行为意图进行预测。各模型的主要差别在于对行为意图的解释，即哪些因素决定个体的行为意图。

（2）从表面上看，各模型主要的变量都是个体的主观感受。无论是理性行为理论和计划行为理论中的态度、主观准则、行为控制，还是科技接受模型中的易用性、有用性，以及技术采纳与利用的整合理论模型中的预期绩效、预期努力等，都是个体主观的感受。因此，接受与采纳模型从理论逻辑上来看属于心理学的研究范畴，应用的是心理学的研究方法。然而，主观感受是来自客观系统的评价，是主观与客观的统一。个体差异固然对主观感受有很大影响，但评价的客观性决定了系统自身的特征在主观评价形成过程中的重要性。因此，发现个体接受新系统的行为模式和影响因素具有实务上的价值。对于新系统、新产品的推广来说，发现了客户接受行为模式和主要影响因素，就可以依此对产品服务和性能、特点做出调整，以更好地被客户接受。

（3）技术接受与采纳模型自身是不断发展的，远没有达到完美的程度。相关模型可以看作是研究客户接受新系统行为的基本理论框架，但针对不同的研究系统、不同的文化背景，应对模型做针对性的调整。

第二节　科技中介接受行为模型构建

一、模型的提出

对于我国许多企业尤其是中小企业来说，科技中介机构开展合作的经历往往比较缺乏，科技中介对于他们来说一定程度上算是新鲜事物。技术接受模型主要研究的就是人们对新系统的接受意图与行为，其中技术接受和利用的整合理论是当前综合性最强的理论模型，且实证结果表明其解释力最强。因此，此处利用该模型的分析框架来研究企业接受科技中介机构的行为意图。

技术接受模型主要适用于个体行为研究，考察个体对新事物的接受意图与采用行为。而科技中介机构服务的主要客户是企业，即应该考察企业对科技中介的接受态度。但企业的态度和行为不好测度，开展问卷调查时往往也是个人在填写问卷，因此本书研究企业中高层管理人员在自己所处企业情境下对科技中介的接受行为和影响因素。模型中加入了三个刻画企业创新情境变量作为解释变量，包括开放创新理念、企业创新障碍、便利条件。

技术接受模型认为行为意图是实际行动的前因，有了行为意图才会有实际行动。实际行动是行为意图的必然结果，而行为意图则受到诸多变量的影响。因此，现在的研究对实际行动的关注越来越少，而行为意图则得到了更多的强调，即当前研究关注的重点在于行为意图而非实际行动，多数实证研究的被解释变量是行为意图而非实际行动（Liu 和 Forsythe，2011；司维，2010）。此处要研究企业中高层管理人员对自己所在企业是否应该采用科技中介的态度，然而并不是所有管理人员都对企业行为有决策权。因此只探测管理人员对科技中介的接受态度，模型中没有包含实际行动变量，即本书主要研究的被解释变量是接受意图。

基于以上考虑，初步构建科技中介接受意图模型如图 5-4 所示。模型刻画了企业管理人员对科技中介接受意图的影响因素和作用路径。模型中包括开放创新理念、企业创新障碍、信任、便利条件、社会影响、预期绩效、接受意图七个变量。这些变量都是不可直接度量的潜在变量，将分别通过多个可观测的变量进行测度。图中箭头表示相互间的关系，箭头所指变量为被解释变量（因变量),箭头远离变量为解释变量(自变量)。模型的主要被解释变量为接受意图,其余都是其解释变量。其中预期绩效除了作为接受意图的解释变量,同时又是开放创新理念、创新障碍、信任的被解释变量,即其充当中介变量的角色,即开放创新理念、企业创新障碍、信任除了会直接影响接受意图,还会透过预期绩效对接受意图产生间接作用。

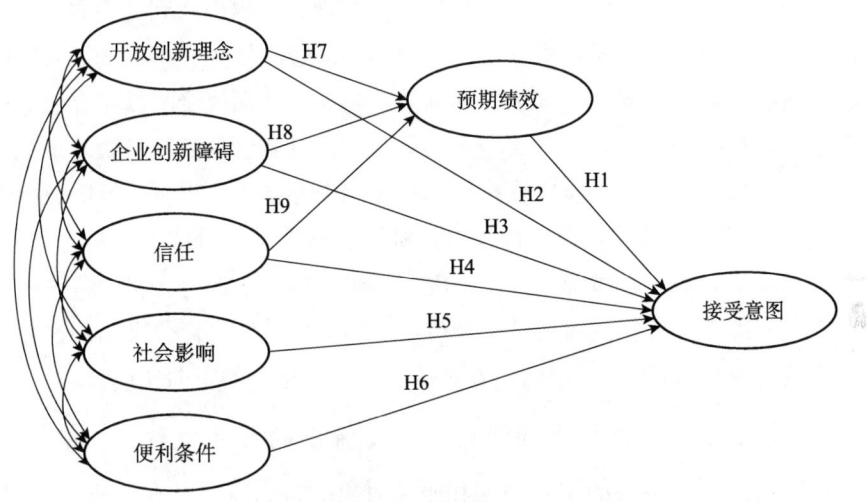

图 5-4 科技中介接受意图模型

在社会经济规律中,能够影响同一事物的变量间往往存在相关关系。因此,需要在解释变量之间构建相关关系。例如,在多元回归分析中,解释变量之间就被认为是相关的,实证分析时为了了解一个解释变量对被解释变量的影响,往往把与该解释变量相关的变量作为控制变量纳入模型。本模型中,开放创新理念、企业创新障碍、信任、便利条件和社会影响只充当解释变量,五个变量之间需建立相关关系,图中用双箭头表示。

二、结构模型的研究假设

图中的 H1 到 H9 分别是研究假设,即解释变量与被解释变量的相互关系假设,这些假设是否成立需通过实证研究进行验证。除了图 5-4 中所示 9 个假设外,还需对三个间接效应的显著性进行检验,因此有假设 H10、H11、H12。

1. 预期绩效与接受意图的关系假设

UTAUT 模型中预期绩效是指潜在使用者预测通过对新系统的使用,可以获得的绩效提升,类似于 TAM 模型中"感知的有效性",都是指新系统能够给客户带来的价值感知。无论是 UTAUT 模型中的预期绩效，还是 TAM 模型中的感知的有效性，都被看作预测接受意图的重要解释变量。本模型中，预期绩效是指受访者对其公司如果与科技中介机构合作可能获得收益的评价。接受意图具体是指受访者认为其所在企业是否应该与科技中介机构合作的态度。

客户接受科技中介服务的目的是解决其在创新过程中遇到的障碍，如资金短缺、技术不足、信息不足等。如果客户预期通过科技中介机构的服务能够有效解决这些问题，则客户感知的预期绩效就越高，从而接受科技中介服务的意愿就越强。科技中介机构只有为企业创新活动提供有价值的服务，才可能被企业接受。虽然通常认为科技中介机构具有知识中介、信息提供、风险分担等多种功能，但对于不同的企业，科技中介机构能够提供的价值可能是有差异的。而且，预期绩效是一种事前的评价，因而是主观的。企业是否接受科技中介机构，更大程度上是依据其对科技中介机构能够提供价值的评价做出的选择。因此，本研究提出假设 H1：预期绩效对接受意图有显著的正向作用。

2. 开放创新理念与预期绩效及接受意图的关系假设

针对科技创新中介的主要功能和服务对象的行为特征，在经典的 UTAUT 模型的基础上，加入开放创新理念变量。开放创新是指企业有目的地输入和输出知识以加速内部创新，并通过创新的外部使用扩张市场。开放创新意味着企业与外部知识交流的增加，而科技中介机构就是服务于企业间技术、信息、人才等知识的流动。从而可以为企业开放创新提供有价值的服务，并增加企业对科技中介机构的认可。开放创新理论的提出者 Chesbrough（2006）就一再强调了企业在实施开放创新战略时应积极与创新中介机构合作。Lee 等（2010）研究表明韩国实施开放创新策略的中小企业会更多地与科技中介机构建立联系。

基于以上文献，提出如下假设。H2：开放创新理念对接受意图有显著的正向作用；H7：开放创新理念对预期绩效有显著的正向作用；H10：开放创新理念通过预期绩效的中介作用对接受意图有显著的正向作用。

3. 企业创新障碍与预期绩效及接受意图的关系假设

针对科技创新中介的主要功能和服务对象的行为特征，在经典的 UTAUT 模型的基础上，加入另一个解释变量企业创新障碍。企业创新障碍是指企业在开展创新过程中遇到的各种障碍。企业在创新过程中，由于自身能力和资源问题，会遇到各种各样的困难，如资金短缺、创新人才不足等问题。科技中介主要服务于企业创新，为企业解决创新过程中遇到的困难。因此，提出如下假设。H3：企业创新障碍对接受意图有显著的正向作用；H8：企业创新障碍对预期绩效有显著的正向作用；H11：企业创新障碍通过预期绩效的中介作用对接受意图有显著的正向作用。

4. 信任与预期绩效及接受意图的关系假设

本研究中的信任是指客户对科技中介机构提供有价值服务的能力、信誉的评价。企业与科技中介机构合作，很大程度上就是一种委托 - 代理的关系。而在委托 - 代理关系中，信任无疑是非常重要的。组织理论认为信任是个人和组织之间的一种联系，这种联系可以降低合作过程中的交易风险（Mayer et al.，1995）。营销学则认为信任可以降低交易成本，并确保可能出现的不公平现象得到有效处理。经验研究证实，信任会增强未来的交互意图（Doney and Cannon，1997；Ramsey and Sohi，1997）。在中介关系中，信任显得更加重要。经济理论认为中介降低了交易失败的可能性，进而降低了与交易相关联的风险（Rubinstein and Wolinsky，1987；Cosimano，1996）。而且，由于中介机构长期经营的特性具有保证其服务质量以维护其信誉的动力（Biglaiser，1993）。诸多关于网络购物行为的研究将信任分为对中介的信任和对商品供给者的信任，前者指消费者对网络购物平台（相当于中介）的信任，而后者则是指对在网络购物平台销售商品的厂商的信任。研究发现，对中介的信任会影响消费者对购物平台的价值判断，并决定消费者对购物平台的接受与选择行为（Chircu，2000）。

基于对信任、预期绩效、接受意图三者关系的理论分析与文献回顾，提出如下假设。H4：信任对接受意图有显著的正向作用；H9：信任对预期绩效有显著的正向作用；H12：信任通过预期绩效的中介作用对接受意图有显著的正向作用。

5. 社会影响与接受意图的关系

社会影响在理性行为理论中被称作主观准则。这两个概念都是指社会行为规范对其产生的影响，是客户感知的外部力量对其行为的认同。人是社会性动物，镶嵌在一定的社会关系中，其行为必然受到社会环境、自身网络关系的影响。社会学理论认为个体及组织会感受到外部环境的压力，从而改变自己的行为。制度主义认为影响创新的采纳和扩散过程的关键因素是社会压力或制度压力，组织的行为不仅仅受经济或效率因素的驱动，很大程度上是社会因素在决定人们的选择。这些社会因素主要指来自组织外部的"一致性"压力。Abrahamson 和 Rosenkopf（1997）提出了潮流压力概念，认为组织采纳一项创新是受到已采纳该创新的组织的绝对数量所带来的压力，而不仅仅是基于对创新回报的评价。Rogers（2010）也认为创新采纳者数量的累积对后来者产生潜移默化的压力，从而导致"随大流"现象的发生。无论是通过理性行为理论还是 UTAUT 模型，大量的实证研究都证实了社会影响与行为意图之间显著的正向关系。例如，Nysveen（2005）研究发现，人们对移动服务的选择通常是通过观察周边人的行为，并受他人行为的影响。

因此，本研究提出 H5：社会影响（SI）对客户接受科技创新中介的行为意愿（ABI）有正向作用。

6. 便利条件与接受意图的关系

便利条件是使用者相信现有组织与技术结构能够支持系统使用的程度。本研究中的便利条件是指调查对象所在企业所拥有的与科技中介机构合作的人力、财力、物力、机构设置等资源条件。从社会行为理论的传承发展来看，理性行为理论中并没有包含便利条件变量，从而理性行为理论在解释社会行为的时候往往显得解释力不足。因为即使个体有了行为意向，但当外部条件不具备时，其实际行动也并不会发生。Ajzen 提出的计划行为理论对理性行为理论的重要发展就是把感知的行为控制（即 UTAUT 模型中的便利条件）作为变量纳入了模型，从而较大地增强了对行为意图与实际行为的解释与预测能力。

在多数实证研究模型中，往往假设便利条件对行为意图和实际行为有显著的影响。在 Ajen 提出的计划行为理论模型中，认为便利条件对接受意图和实际行动都有显著的影响。在便利条件促进实际行为这一点上，现有研究结果基本上是一致的。但在便利条件对行为意图的作用上，Asosheha（2008）和 Abdulwahab（2010）研究表明存在显著的正向作用，而 Thompson（1991）、Venkatesh（2003）和 Chang 等（2007）研究结果则不支持该假设。

由于本研究的主要被解释变量是接受行为意图而没有出现实际行动变量，基于以上文献回顾，拟实证检验在科技中介接受模型中便利条件对接受意图是否有显著影响。首先提出 H6：便利条件对接受行为有显著的正向作用。

将以上研究假设汇总，见表 5-1。

表 5-1　科技中介接受模型研究假设汇总表

假设序号	假设内容
H1	预期绩效对接受意图有显著的正向作用
H2	开放创新理念对接受意图有显著的正向作用
H3	企业创新障碍对接受意图有显著的正向作用
H4	信任对接受意图有显著的正向作用
H5	社会影响对接受意图有显著的正向作用
H6	便利条件对接受意图有显著的正向作用
H7	开放创新理念对预期绩效有显著的正向作用
H8	企业创新障碍对预期绩效有显著的正向作用
H9	信任对预期绩效有显著的正向作用
H10	开放创新理念通过预期绩效的中介作用对接受意图有显著的正向作用
H11	企业创新障碍通过预期绩效的中介作用对接受意图有显著的正向作用
H12	信任通过预期绩效的中介作用对接受意图有显著的正向作用

三、潜变量的测量

为分析科技中介接受意图模型中各变量的关系即对假设进行检验，需要知道各变量的具体数值。而模型中的七个变量都是潜在变量（不可观测变量），需要通过设计可观测变量对其来进行测度。由单一可观测变量来测度潜变量可能会有失偏颇，社会科学研究中每个潜变量往往用 3～5 个观测变量来测量。参考 Davis 等（1989）、Venkatesh 等（2003）、Chu（2013）题项设计的经验，结合各潜变量的内在含义，在每个潜变量下设计 4 个对应题项。为了使题项能够准确测度潜在变量，避免因测度不准确而造成的实证研究结果错误，在题项设计时，尽可能参考已有实证研究中使用并经过检验的题项内容。每个题项都有 7 个选项。从 1 到 7 分别表示非常不同意到非常同意。通过问卷调查获取受访者对每个题项的评分，以该评分作为观测变量的得分。

（1）接受意图的测量。科技中介模型中接受意图是指在所在企业情境下，受访者关于该公司应该与科技中介机构开展合作的意向。接受意图下设四个题项分别是："我认为公司应该与科技中介机构合作""当有需要时，我会寻求科技中介机构的服务""如果我具有相应权限，我会向公司推荐科技中介""如果我具有决策权，本公司会在两年内与科技中介机构合作"。

（2）预期绩效的测量。预期绩效是指受访者对其公司如果与科技中介机构合作可能获得收益的评价。该潜变量下的四个题项是："科技中介机构能够为公司提供有用的信息""科技中介机构能够降低企业搜寻信息的成本""科技中介提供的信息质量比较高""通过科技中介机构，能够提高公司利用外部科技资源的效率"。

（3）开放创新理念的测量。开放创新理念是指企业在开放过程中利用外部资源的行为。开放创新要求企业摒弃原有的创新活动应该在企业内部实现的理念，打破传统的企业边界，将企业内部和外部的技术有机地结合为一个系统，充分协调企业内外部资源来产生创新思想，综合利用企业内外部的市场渠道来为创新活动服务。该变量的四个测量题项分别为"公司和大学有紧密的合作关系""公司和研究院所有紧密的合作关系""公司和其他公司开展过合作创新项目""公司通过购买或许可的形式获取过外部技术"。

（4）企业创新障碍的测量。企业创新障碍是指企业在谋求或开展各种形式的创新活动时遇到的困难。企业创新障碍下设的四个题项是"公司在创新过程中遇到过创新人才短缺问题""公司在创新过程中遇到过技术信息短缺问题""公司在创新过程中遇到过创新资金短缺问题""公司缺乏新产品相关的市场信息"。

（5）信任的测量。信任是指客户对科技中介机构提供的有价值的服务的能力、信誉的评价。该潜变量下的四个题项是："我认为科技中介机构值得信赖""与科技中介机构合作，我比较放心""我认为科技中介机构不会使用欺骗手段""科技中介是市场经济的重要组成部分"。

（6）社会影响的测量。科技中介接受模型假设周边企业对科技中介的行为会对受访者造成一定的行为规范或社会压力，即社会影响。社会影响通过以下四个题项测量："公司的供应商在与科技中介机构合作""公司的竞争对手在与科技中介机构合作""周围的企业在与科技中介机构合作""政府宣传过科技中介机构"。

（7）便利条件的测量。便利条件是指受访者所在企业拥有的可与科技中介机构合作的人力、财力、物力、机构设置等资源条件。便利条件的四个测量题项分别是："公司具备与科技中介机构合作的资源条件""公司具备与科技中介机构合作的知识条件""找到合适的科技中介机构对公司来说是件容易的事情""与外部机构合作符合公司的价值取向"。

第三节 研究方法和数据获取

一、结构方程模型

本研究为探讨和验证影响企业对科技中介接受意图的主要因素，本质上是一种因果结构分析，即研究开放创新理念、预期绩效、信任、便利条件、社会等影响企业对科技中介接受意图的作用路径及效应大小。同时，研究所涉及的变量，如接受意图、开放创新理念、信任等都是不可直接、准确测量的潜在变量。对于这些变量，需要采用间接测量的方法，利用多重可观测指标来判定潜在指标的得分高低。这就涉及观测指标衡量潜在指标的信度和效度问题，即因子分析问题。

结构方程模型（Structure Equation Model，SEM）是将因子分析和路径分析结合起来的一种分析方法。最早由Jöreskog于20世纪70年代提出相关理论构架，并开发出LISREL软件。与其他社会科学定量研究方法相比，结构方程模型的主要优点包括：① 可以同时处理多个因变量；② 允许自变量与因变量包含误差；③ 同时估计因子结构和因子关系；④ 允许更大弹性的测量模型；⑤ 估计整个模型的拟合程度（侯杰泰，2004）。由于以上优势，结构方程模型逐渐成为社会行为科学研究的重要工具。

一个结构方程模型应该完整地包括至少一个测量模型和一个结构模型。测量模型即因子分析，即用观测变量来测度潜在变量。结构模型即因果路径分析，检验自变量与因变量的关系（Hoyle and Panter，1995）。结构模型中的变量按其结构关系，可以分为解释变量（外因变量）和被解释变量（内因变量）。无论是外因变量还是内因变量都是潜变量（不可观测变量），需要通过测量模型借助显变量（可观测变量）进行测度。因此，结构方程模型的主要变量可分为内因潜变量（η）、外因潜变量（ξ）、内因观测变量（Y）、外因观测变量（X）。结构模型中，内因潜变量不能被外因潜变量全部解释，因此出现内因潜变量的干扰项（ζ）；测量模型中，观测变量不能被潜变量全部解释，因此会出现观测变量的随机误差，按其对应潜变量在结构模型中的地位，可分为内因观测变量随机误差（δ）和外因观测变量随机误差（ε）。无论是测量模型还是结构模型，都是刻画事物间的关系，都可以用数学方程来表示。外因潜变量测量模型中，潜变量与观测变量的关联系数用λ_x表示（矩阵形式为Λ_x）；内因潜变量测量模型中，潜变量与观测变量的关联系数用λ_y表示（矩阵形式为

Λ_y）；结构方程式中，内因潜变量与内因潜变量的路径系数用 β 表示（矩阵形式为 $\boldsymbol{B}$），外因潜变量与内因潜变量的路径系数用 γ 表示（矩阵形式 $\boldsymbol{\Gamma}$）。一个完整结构方程模型方程式的矩阵形式如下。

内因潜变量测量方程：$x = \Lambda_x \xi + \delta$

外因潜变量测量方程：$y = \Lambda_y \eta + \varepsilon$

结构模型方程：$\eta = \boldsymbol{B}\eta + \boldsymbol{\Gamma}\xi + \zeta$

科技中介接受模型共有 7 个测量模型，用方程式表示如下：

$\text{OIB}_i = f(开放创新理念，测量误差)$；$\text{OIB}_i = \lambda_{xi1} \times 开放创新理念 + \delta_{i1}$

$\text{CIB}_i = f(企业创新障碍，测量误差)$；$\text{CIB}_i = \lambda_{xi2} \times 企业创新障碍 + \delta_{i2}$

$\text{TRU}_i = f(信任，测量误差)$；$\text{TRU}_i = \lambda_{xi3} \times 信任 + \delta_{i3}$

$\text{SI}_i = f(社会影响，测量误差)$；$\text{SI}_i = \lambda_{xi4} \times 社会影响 + \delta_{i4}$

$\text{FC}_i = f(便利条件，测量误差)$；$\text{FC}_i = \lambda_{xi5} \times 便利条件 + \delta_{i5}$

$\text{ABI}_i = f(接受意图，测量误差)$；$\text{ABI}_i = \lambda_{yi1} \times 接受意图 + \varepsilon_{i1}$

$\text{PE}_i = f(预期绩效，测量误差)$；$\text{PE}_i = \lambda_{yi2} \times 预期绩效 + \varepsilon_{i2}$

科技中介接受模型的结构方程式包括两个：

接受意图 $=f($ 预期绩效，开放创新理念，企业创新障碍，信任，
 社会影响，便利条件，干扰 $)$
$= \beta_{11} 预期绩效 + \gamma_{11} 开放创新理念 + \gamma_{12} 企业创新障碍 + \gamma_{13} 信任$
$+ \gamma_{14} 社会影响 + \gamma_{15} 便利条件 + \xi_1$

预期绩效 $=f($ 开放创新理念，企业创新障碍，信任，测量误差 $)$
$= \gamma_{21} 开放创新理念 + \gamma_{22} 企业创新障碍 + \gamma_{23} 信任 + \xi_2$

结构方程式的矩阵形式为

$$\begin{pmatrix} 接受意图 \\ 预期绩效 \end{pmatrix} = \begin{pmatrix} 0 & \beta_{12} & \gamma_{11} & \gamma_{12} & \gamma_{13} & \gamma_{14} & \gamma_{15} \\ 0 & 0 & \gamma_{21} & \gamma_{22} & \gamma_{23} & 0 & 0 \end{pmatrix} \begin{pmatrix} 接受意图 \\ 预期绩效 \\ 开放创新理念 \\ 企业创新障碍 \\ 信任 \\ 社会影响 \\ 便利条件 \end{pmatrix} + \begin{pmatrix} \zeta_1 \\ \zeta_2 \end{pmatrix}$$

提出理论模型之后，就需要对理论模型参数进行估计。结构方程模型估计参数的思路与回归分析有很大差异。回归分析求解参数使得模型隐含数据与原始样本数据最"接近"（残差平方最小或最大似然）。而结构方程模型求解参数

使得理论模型隐含的总体协方差矩阵 $\sum(\theta)$ 与样本协方差矩阵 S 的距离最小。$\sum(\theta)$ 与 S 的距离记为 $F(S,\sum(\theta))$，该函数即为结构方程的拟合函数。参数估计就是要求出使得 $F(S,\sum(\hat{\theta}))$ 最小的 $\hat{\theta}$。通常采用的方法有最大似然估计、未加权的最小二乘估计、广义最小二乘估计等。

完成了参数估计，还需要对模型进行评价。评价的内容主要包括三方面。① 通过多种拟合指数对模型整体拟合程度进行评价，即检验 $\sum(\hat{\theta})$ 与 S 是否足够小。② 检验各参数的显著性，评价参数的意义和合理性。③ 评价模型对被解释变量的解释能力等。

结构方程模型的发展，离不开相关软件的支持。结构方程模型第一次应用的高潮就主要得益于 LISREL 软件的开发。LISREL 由朱里斯考克和索邦领导开发，是线性结构关系（linear structural relation）的简写。在很长的一段时间里，LISREL 在某种程度上成了结构方程的代名词。之后 SPSS 公司收购了 LISREL，将其作为 SPSS 的一个外加模块。但 LISREL 不能在 SPSS 的体系中得到很好的发展，之后朱里斯考克和索邦将 LISREL 回购。放弃 LISREL 之后的 SPSS 独立开发了自家的 AMOS 软件作为 LISREL 的替代品。随后 SPSS 公司于 2009 年被 IBM 收购，SPSS AMOS 也改名为 IBM SPSS AMOS。除了 LISREL 和 AMOS 之外，专门处理结构方程模型的软件还有 EQS 和 MPLUS。随着结构方程模型的应用日益广泛，一些主流的应用统计软件都开发了处理结构方程模型的模块。如 Stata 在 12 版之后包含 SEM 功能，R 软件中有专门开发的 SEM 包。与其他软件相比，AMOS 的最大特点在于其界面的用户友好性。AMOS 通过图形的形式来设定复杂的结构方程模型，避免了同类软件通过 Λ_y、Λ_x、Θ_ε、Θ_δ、β、Γ、Φ、Ψ 这 8 个基本矩阵来设定模型的复杂过程，从而使得结构方程模型的学习和使用变得更加容易。将采用 IBM SPSS AMOS 20 来处理科技中介接受模型实证分析。包含测量模型和结构模型的科技中介接受模型的 AMOS 图形见图 5-5。

二、数据获取与简要分析

为对科技中介接受模型进行实证检验，本研究通过开展问卷调查的形式获取相关资料。问卷设计过程中，大量参考了国内外相关文献中出现的类似问卷，同时还与相关专家展开研讨、与业内人士等展开讨论。为避免受访者的厌倦情绪，问卷设计过程中尽量追求简化，使得受访者可以在 5～8 分钟内完成问卷。最终形成的问卷包括两部分主要内容：第一部分是关于受访者个人和

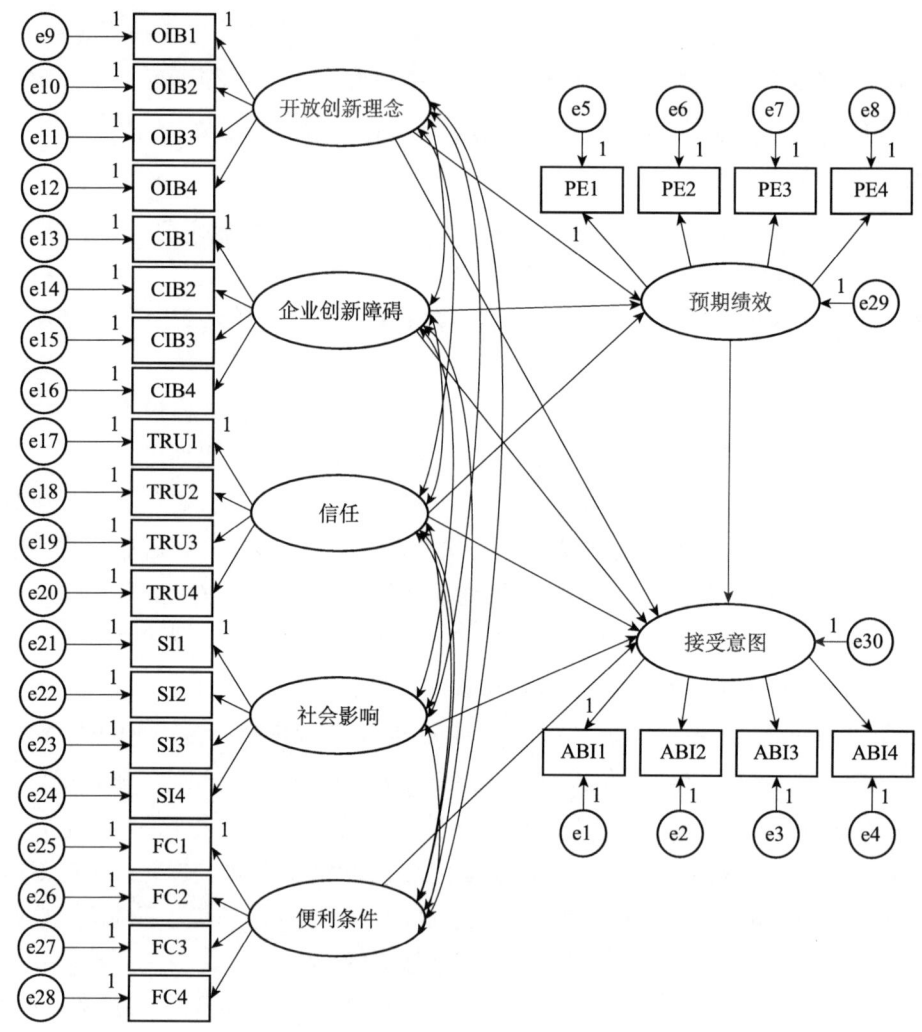

图 5-5 AMOS 中科技中介接受意图模型的完整形式

所在企业的基本信息,第二部分内容为潜变量测量模型中涉及的题项(详细调查问卷与量表见附录)。

问卷调查主要通过两种形式展开。一是笔者于 2012~2013 年多次在南昌、萍乡和新余等地开展实地调研,调研期间向企业主要管理人员发放问卷,共发放问卷 69 份,获取有效问卷 43 份。二是委托亲友、同学向其所在单位相关主管人员发放问卷,共获取有效问卷 269 份,调查范围主要集中在江西、上海、北京、广东、江苏、浙江和湖南等地。通过两种方式共获取有效问卷 312 份。

表 5-2 为各观测变量的描述性统计表。接受意图的各观测变量 ABI1-ABI4

对应的均值分别为 3.92、3.98、3.88 和 3.90，中位数都为 4。由于调查问卷中采用的李克特 7 等级量表，其中的 4 对应一般同意，比其小 1 的 3 对应不太同意，比其大 1 的 5 对应比较同意。所以接受意图各观测变量的均值为 4 可以理解为企业管理人员对科技中介的接受意图不高。预期绩效的均值为 4～4.5，中位数为 4 和 4.5，说明企业管理者对科技中介机构的服务持基本认可的态度。开放创新理念的均值为 4～5，中位数说明我国企业开放式创新理念处在一般水平。企业创新障碍各题项均值为 5～5.5，中位数均为 5，与其他变量相比，得分相对较高，说明企业创新过程中确实存在较多障碍。信任各题项得分均值都在 4 左右，中位数为 4 和 5 说明企业管理人员对科技中介机构信任处在一般水平。社会影响各题项得分均值在 4.3 左右，中位数为 4，说明我国科技中介服务影响力还不是很强，没有形成良好的示范效应。便利条件各题项得分为 4.5～5，中位数为 4 和 5，说明所调查企业具备一定的与科技中介合作的能力。

表 5-2　变量的描述统计

题项	均值	中位数	标准差	偏度	峰度	J-B 值	概率	样本数
ABI1	3.923	4	1.026	-0.26	3.76	11.05	0	312
ABI2	3.978	4	1.040	-0.16	3.06	1.32	0.52	312
ABI3	3.883	4	1.064	-0.05	3.21	0.69	0.71	312
ABI4	3.902	4	1.190	-0.15	3.63	6.18	0.05	312
PE1	4.026	4	1.147	-0.48	2.93	12.26	0	312
PE2	4.545	4.5	0.944	-0.03	2.29	6.54	0.04	312
PE3	4.433	4	0.989	-0.42	2.96	9.29	0.01	312
PE4	4.366	4	0.908	-0.36	3.30	8.04	0.02	312
OIB1	4.443	5	1.061	-0.16	2.94	1.42	0.49	312
OIB2	4.722	5	1.062	-0.4	3.4	10.53	0.01	312
OIB3	4.041	4	1.037	-0.85	3.94	48.65	0	312
OIB4	4.896	5	0.960	-0.33	3.45	8.28	0.02	312
CIB1	5.109	5	0.999	-0.43	3.41	11.68	0	312
CIB2	5.163	5	0.936	0.12	2.98	0.75	0.69	312
CIB3	5.375	5	0.991	-0.29	3.17	4.78	0.09	312
CIB4	5.432	5	1.099	-0.36	3.11	6.96	0.03	312
TRU1	4.465	4	1.017	-0.37	3.29	8.31	0.02	312
TRU2	4.628	5	1.091	-0.5	3.21	13.69	0	312

续表

题项	均值	中位数	标准差	偏度	峰度	J-B 值	概率	样本数
TRU3	4.251	4	1.050	0.15	2.92	1.28	0.53	312
TRU4	4.034	4	1.054	−0.15	2.92	1.26	0.53	312
SI1	4.383	4	1.267	−0.15	2.83	1.54	0.46	312
SI2	4.305	4	1.271	−0.2	2.8	2.49	0.29	312
SI3	4.352	4	1.266	−0.11	3.12	0.81	0.67	312
SI4	4.421	4	1.255	−0.18	2.88	1.93	0.38	312
FC1	4.677	4	1.108	−0.52	3.6	18.49	0	312
FC2	4.962	5	1.014	−0.44	3.47	13.04	0	312
FC3	5.117	5	1.013	−0.43	3.53	13.37	0	312
FC4	5.192	5	0.989	−0.47	4.11	27.59	0	312

第四节 研究假设的验证

一、测量模型评价

1. 测量模型评价准则

测量模型（measurement model），即验证性因子分析（confirmatory factor analysis，CFA）是结构方程模型分析的一部分。只有当观测变量准确测度了潜在变量，才可以进一步研究潜变量之间的结构关系。因此，因子分析是结构分析的前提。在结构方程模型中，因子是其中的一部分，如果因子本身没有信度，有关因子之间关系的研究必然没有意义。Kenny（2006）甚至认为"社会和行为科学从验证性因子分析中得到的发现比从结构方程模型中得到的更多"。因此在执行分析结构模型之前，应先对测量模型进行评估。

测量模型评估主要是对各测量模型的收敛效度和区别效度进行检验。Hair建议通过因子载荷（factor loadings，FL）、潜变量的组成信度（composite reliability，CR）和潜变量方差萃取量（variance extracted，VE）三个指标对测量模型进行评估。

因子载荷量反映了观测变量影响潜在变量的部分差异，用于表示观测变量与潜变量之间的相对重要程度。测量模型检验时要求因子载荷量：①不能有负的测量误差；②测量误差必须达到显著性水平；③因子载荷必须在 0.7～0.95

范围内，最小不得小于 0.6；④ 不能有很大的标准误差。AMOS 软件会同时提供每个潜变量的多元相关系数平方（SMC），其相当于回归模型中的 R^2，其大小等于该观测变量因子载荷的平方，测量模型评估时要求 SMC 大于 0.5。

潜变量组成信度，以 CR 表示。潜变量的 CR 值是潜变量所有观测变量的信度的组合，该指标用来分析潜变量的各观测变量间的一致性。组成信度越高，表示这些指标的一致性越强。CR 计算公式为

$$CR = \frac{(\sum 标准化载荷量)^2}{(\sum 标准化载荷量)^2 + \sum 测量误差}$$

其中，测量误差 =1- 标准化载荷量的平方。组成信度达到 0.7 是可接受的门槛，Fornell 和 Larcker（1981）则建议 CR 值在 0.6 以上时测量模型可以接受。

潜变量的方差萃取量，以 VE 表示。潜变量的方差萃取量用来测度潜变量的各题项对潜在变量的解释力，即潜变量的各观测变量与测量误差相比在多大程度上捕捉到了该潜变量的变化。VE 值越大，表示潜在变量具有越高的信度与收敛效度。VE 计算公式为

$$VE = \frac{\sum 标准化载荷量^2}{\sum 标准化载荷量^2 + \sum 测量误差}$$

Fornell 和 Larcker（1981）建议潜变量各题项方差萃取量的均值（AVE）应在 0.5 以上。

2. 对接受意图测量模型的评价

在研究设计阶段，共设计了四个题项对潜变量接受意图进行测度。以此四个题项对接受意图进行验证性因子分析，结果见图 5-6（a）。虽然测量模型的整体拟合指标良好，Chi/DF 小于 2，GFI 大于 0.9，AGFI 大于 0.8，RMSEA 小于 0.8。但 ABI4 的标准化载荷量系数为 0.513，明显低于 0.7 的标准，表明用 ABI4 作为接受意图的测量项的有效性是值得怀疑的。去掉 AIB4 后，以 AIB1、AIB2、AIB3 三个观测变量对接受意图进行验证性因子分析，见图 5-6（b）。此时，模型有 6 个样本矩，6 个待估参数，其自由度为 0，是恰好识别模型，各参数估计值均为唯一解，整体测量模型无任何配适度指标，所以图 5-6（b）中不会显示 AGFI、RMSEA 数值。模型中各观测变量的标准化系数分别为 0.864、0.932、0.882，所有的标准化系数都在 0.7 以上且未超过 0.95，残差项均为正且达显著性水平。多元相关系数平方分别为 0.746、0.869、0.778，大于 0.5 的标准。通过计算得到该测量模型的组合信度 CR 值为 0.922，超过

Hair 建议的 0.7 的标准;平均萃取量为 0.798,超过 Fornell 和 Larcker 建议的 0.5 的标准。因此,保留 ABI1、ABI2、ABI3 作为潜变量接受意图的观测变量,其各项指标见表 5-3。

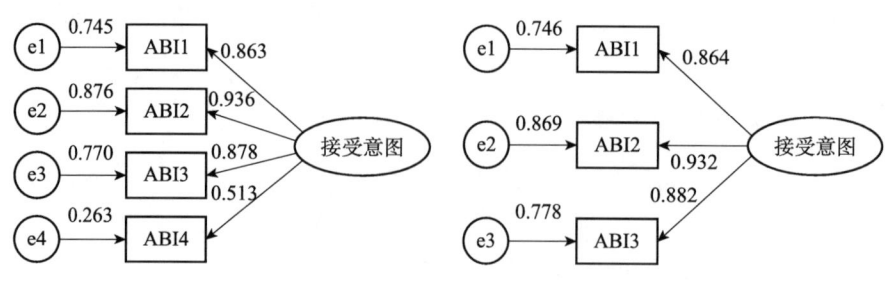

(a)接受意图CFA_1
Chi-sCquare=2.168 DF=2 Chi/DF=1.084
GFI=0.997 AGFI=0.983 RMSEA=0.016

(b)接受意图CFA_2
Chi-square=0.000 DF=0 Chi/DF=\cmindf
GFI=1.000 AGFI=\AGFI RMSEA=\RMSEA

图 5-6 接受意图验证性因子分析

表 5-3 接受意图验证性因子分析检验表

潜变量	指标	模型参数估计值					收敛效度		
		非标准化载荷	标准误(SE)	CR(t值)	P值	标准化载荷	复相关系数平方(SMC)	标准化残差(1-SMC)	组成信度(CR)	方差萃取量(AVE)
接受意图	ABI1	1.000				0.864	0.746	0.254	0.922	0.798
	ABI2	1.095	0.049	22.186	***	0.932	0.869	0.131		
	ABI3	1.059	0.051	20.767	***	0.882	0.778	0.222		

注:*** 表示 P 值小于 0.001。

3. 对预期绩效测量模型的评价

本研究共设计了四个题项对潜变量预期绩效进行测度。以此四个题项对预期绩效进行验证性因子分析,结果见图 5-7(a)。其中 PE1、PE4 的标准化载荷量系数分别为 0.947 和 0.963,达到或高于上限值 0.95,而 PE2、PE3 的标准化系数分别为 0.694 和 0.639,相对较低。表明四个题项可能存在共线性,即四个题项中可能有两个或多个题项测量的是同一内容。去掉标准化系数最高的 PE4,以 PE1、PE2、PE3 三个观测变量对预期绩效进行验证性因子分析,见图 5-7(b)。其标准化系数分别为 0.829、0.778 和 0.726,所有的标准化系数都在 0.7 以上且未超过 0.95,残差项均为正且达显著性水平。多元相关系数平方分别为 0.746、0.869、0.778,大于 0.5 的标准。组合信度(CR)为 0.822,超过 Hair 建议 0.7 的标准;平均萃取量为 0.606,超过 Fornell 和 Larcker 建议的 0.5 的标准。因此，保留 PE1、PE2 和 PE3 作为潜变量预期绩效的观测变量。测量模型各项指标见表 5-4。

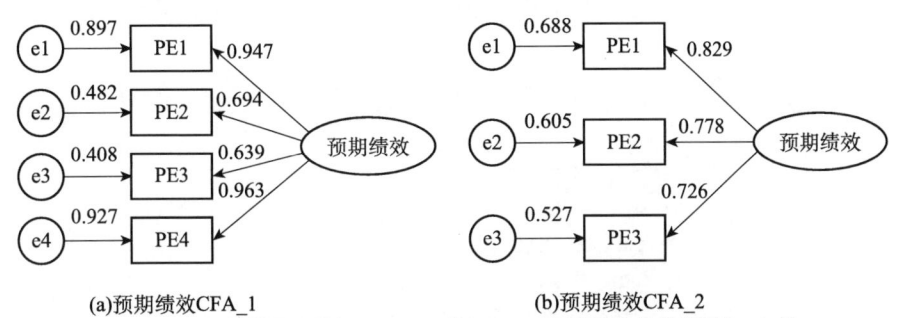

(a)预期绩效CFA_1
Chi-square=17.026 DF=2 Chi/DF=8.513
GFI=0.974 AGFI=0.869 RMSEA=0.155

(b)预期绩效CFA_2
Chi-square=0.000 DF=0 Chi/DF=\cmindf
GFI=1.000 AGFI=\AGFI RMSEA=\RMSEA

图 5-7　预期绩效验证性因子分析

表 5-4　预期绩效验证性因子分析检验表

潜变量	指标	模型参数估计值							收敛效度	
		非标准化载荷	标准误（SE）	CR（t值）	P值	标准化载荷	复相关系数平方（SMC）	标准化残差（1-SMC）	组成信度（CR）	方差萃取量（AVE）
预期绩效	PE1	1.000				0.829	0.687	0.313	0.822	0.606
	PE2	0.772	0.063	12.181	***	0.778	0.605	0.395		
	PE3	0.755	0.064	11.809	***	0.726	0.527	0.473		

注：*** 表示 P 值小于 0.001

4. 对开放创新理念测量模型的评价

在研究设计阶段，共设计了四个题项对潜变量开放创新理念进行测度。以此四个题项对开放创新理念进行验证性因子分析，结果见图 5-8。其各题项的标准化载荷量系数分别为 0.744、0.897、0.627 和 0.812，虽然题项 OIB3 的标准化系数低于 Hair 的建议标准 0.7，但高于 Fornell 和 Larcker 建议的标准下限值 0.6。多元相关系数平方分别为 0.554、0.805、0.393 和 0.659 高于标准下限值 0.36。组合信度（CR）为 0.857，超过 Hair 建议的 0.7 的标准；平均萃取量为 0.603，超过 Fornell 和 Larcker 建议的 0.6 的标准。因此，保留 PE1、PE2 和 PE3 作为潜变量预期绩效的观测变量。测量模型整体配适度指标 Chi/DF 为 1.002，低于标准值 3；GFI 为 0.997，高于标准下限值 0.9；AGFI 为 0.984，高于标准下限值 0.8；RMSEA 值为 0.003，低于标准上限值 0.08。由此可见测量模型整体配适良好。测量模型各项指标见表 5-5。

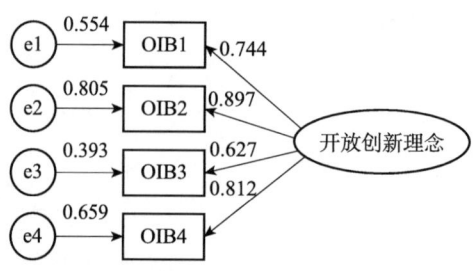

Chi-square=2.005 DF=2 Chi/DF=1.002
GFI=0.997 AGFI=0.984 RMSEA=0.003

图 5-8 开放创新理念验证性因子分析

表 5-5 开放创新理念验证性因子分析检验表

潜变量	指标	模型参数估计值							收敛效度	
		非标准化载荷	标准误（SE）	CR（t 值）	P 值	标准化载荷	复相关系数平方（SMC）	标准化残差（1-SMC）	组成信度（CR）	方差萃取量（AVE）
开放创新理念	OIB1	1.000				0.744	0.554	0.446	0.857	0.603
	OIB2	1.206	0.083	14.595	***	0.897	0.805	0.195		
	OIB3	0.822	0.077	10.702	***	0.627	0.393	0.607		
	OIB4	0.988	0.071	13.979	***	0.812	0.659	0.341		

注：*** 表示 P 值小于 0.001

5. 企业创新障碍测量模型评价

潜变量企业创新障碍下设四个题项，以此四个题项对企业创新障碍进行验证性因子分析，结果见图 5-9。其各题项的标准化载荷量系数分别为 0.863、0.779、0.899 和 0.667，都处于标准下限值 0.6 和标准上限值 0.95 之间。多元相关系数平方分别为 0.745、0.607、0.808 和 0.445，高于门槛下限值 0.36。组合信度（CR）为 0.881，超过 Hair 建议的标准 0.7；平均萃取量为 0.651，超过 Fornell 和 Larcker 建议的 0.6 的标准。因此，保留 PE1、PE2 和 PE3 作为潜变量预期绩效的观测变量。测量模型整体配适度指标 Chi/DF 为 1.638，低于标准值 3；GFI 为 0.995，高于标准下限值 0.9；AGFI 为 0.973，高于标准下限值 0.8；RMSEA 值为 0.045，低于标准上限值 0.08。由此可见测量模型整体配适良好。测量模型各项指标见表5-6。

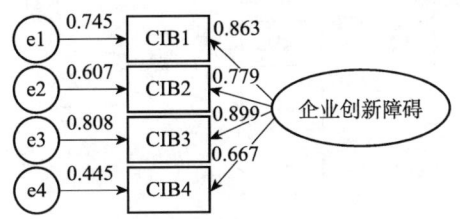

Chi-square=3.277 DF=/df Chi/DF=1.638
GFI=0.995 AGFI=0.973 RMSEA=0.045

图 5-9 企业创新障碍验证性因子分析

表 5-6 企业创新障碍验证性因子分析检验表

潜变量	指标	模型参数估计值							收敛效度	
		非标准化载荷	标准误（SE）	CR（t值）	P值	标准化载荷	复相关系数平方（SMC）	标准化残差（1-SMC）	组成信度（CR）	方差萃取量（AVE）
企业创新障碍	CIB1	1.000				0.863	0.745	0.255	0.881	0.651
	CIB2	0.846	0.056	15.104	***	0.779	0.607	0.393		
	CIB3	1.034	0.056	18.395	***	0.899	0.808	0.192		
	CIB4	0.85	0.064	13.231	***	0.667	0.445	0.555		

注：*** 表示 P 值小于 0.001

6. 对信任测量模型的评价

潜变量信任由四个观测变量测度。以此四个题项对信任进行验证性因子分析，结果见图5-10。其各题项的标准化载荷量系数分别为0.92、0.882、0.777和0.853，都处于标准下限值0.6和标准上限值0.95之间。多元相关系数平方分别为0.846、0.778、0.604和0.728，高于标准下限值0.36。组合信度（CR）为0.919，超过Hair建议的0.7的标准；平均萃取量为0.739，超过Fornell和Larcker建议的0.6的标准。因此，保留TRU1、TRU2、TRU3和TRU4作为潜变量信任的观测变量。测量模型整体配适度指标Chi/DF为2.743，低于标准值3；GFI为0.991，高于标准下限值0.9；AGFI为0.956，高于标准下限值0.8；RMSEA值为0.075，低于标准上限值0.08。由此可见测量模型整体配适良好。测量模型各项指标见表5-7。

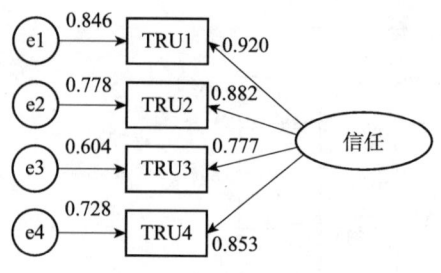

Chi-square=5.486 DF=2 Chi/DF=2.743
GFI=0.991 AGFI=0.956 RMSEA=0.075

图 5-10　信任验证性因子分析

表 5-7　信任验证性因子分析检验表

潜变量	指标	模型参数估计值							收敛效度	
		非标准化载荷	标准误（SE）	CR（t值）	P值	标准化载荷	复相关系数平方（SMC）	标准化残差（1−SMC）	组成信度（CR）	方差萃取量（AVE）
开放创新理念	TRU1	1.000				0.920	0.846	0.154	0.919	0.739
	TRU2	1.029	0.043	23.702	***	0.882	0.778	0.222		
	TRU3	0.871	0.049	17.86	***	0.777	0.604	0.396		
	TRU4	0.961	0.045	21.481	***	0.853	0.728	0.272		

注：*** 表示 P 值小于 0.001

7. 对社会影响测量模型的评价

首先以设计阶段的四个观测变量对社会影响做验证性因子分析，结果见图 5-11（a）。SI4 和 SI1 的标准化载荷系数分别高达 1.006 和 0.981，表明存在共线性。去掉 SI4 后，以 SI1、SI2 和 SI3 对社会影响再次做验证性因子分析，结果见图 5-11（b）。各标准化载荷系数都在 0.7～0.95。三个观测变量的组成信度 CR 值为 0.873，大于标准下限值 0.7；平均方差萃取量 AVE 为 0.697，大于标准值 0.5。模型为恰好识别模型，各估计参数值即为唯一解，因此模型没有任何整体拟合度指标。以 SI1、SI2 和 SI3 作为题项的社会影响测量模型通过检验。测量模型各项指标见表 5-8。

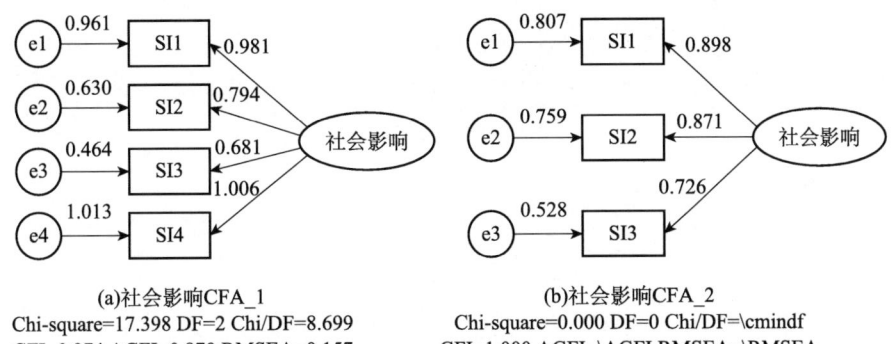

(a) 社会影响CFA_1
Chi-square=17.398 DF=2 Chi/DF=8.699
GFI=0.974 AGFI=0.870 RMSEA=0.157

(b) 社会影响CFA_2
Chi-square=0.000 DF=0 Chi/DF=\cmindf
GFI=1.000 AGFI=\AGFI RMSEA=\RMSEA

图 5-11　社会影响验证性因子分析

表 5-8　社会影响验证性因子分析

潜变量	指标	模型参数估计值							收敛效度	
		非标准化载荷	标准误（SE）	CR（t值）	P值	标准化载荷	复相关系数平方（SMC）	标准化残差（1-SMC）	组成信度（CR）	方差萃取量（AVE）
社会影响	SI1	1.000				0.898	0.806	0.194	0.873	0.697
	SI2	0.973	0.057	17.174	***	0.871	0.759	0.241		
	SI3	0.808	0.056	14.425	***	0.726	0.527	0.473		

注：*** 表示 P 值小于 0.001

8. 对便利条件测量模型的评价

本研究以 FC1、FC2、FC3 和 FC4 四个题项测度潜变量便利条件。其验证性因子分析模型见图 5-12。各题项的标准化系数分别为 0.900、0.863、0.857 和 0.660，都处于标准值 0.7～0.95。测量模型的组成信度 CR 值为 0.894，大于标准值 0.7；方差萃取量 AVE 为 0.681，大于标准值 0.5。从测量模型整体配适度指标来看，Chi/DF 为 3.037，非常接近标准值 3；GFI 为 0.990，高于标准下限值 0.9；AGFI 为 0.952，高于标准下限值 0.8；RMSEA 值为 0.081，非常接近标准上限 0.08。由此可见测量模型整体配适较好。测量模型各项指标见表 5-9。

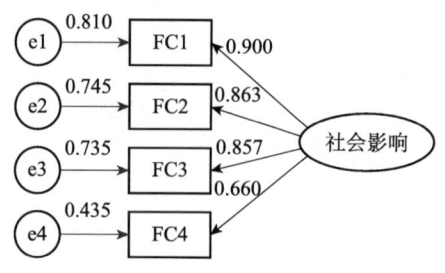

Chi-square=6.074 DF=2 Chi/DF=3.037
GFI=0.990 AGFI=0.952 RMSEA=0.081

图 5-12 便利条件验证性因子分析

表 5-9 社会影响验证性因子分析

潜变量	指标	模型参数估计值							收敛效度	
		非标准化载荷	标准误(SE)	CR(t值)	P值	标准化载荷	复相关系数平方(SMC)	标准化残差(1-SMC)	组成信度(CR)	方差萃取量(AVE)
便利条件	FC1	1.000				0.900	0.810	0.190	0.894	0.681
	FC2	0.878	0.043	20.401	***	0.863	0.745	0.255		
	FC3	0.872	0.044	19.94	***	0.857	0.734	0.266		
	FC4	0.655	0.049	13.451	***	0.660	0.436	0.564		

注：*** 表示 P 值小于 0.001

9. 对所有观测变量的探索性因子分析

以上对各潜在变量单独进行了验证性因子分析，结果表明各潜在变量可以由各自所设定的观测变量测度。但单独进行验证性因子分析存在的一个问题是不能检验各观测变量是否会横跨到其他潜变量上去。比如，作为测度潜变量的观测变量 ABI 是否也能解释其他潜变量，如 PE。另一个问题是各潜变量解释样本总体方差的能力是否相对均衡，会不会存在某一个和几个潜变量解释了总体方差的绝大部分，而有些潜变量解释方差总体变动的比例非常小。基于以上两点，对所有观测变量做探索性因子分析。

将以上 7 个测量模型中 25 个观测变量做探索性因子分析。按照经验判断，当 KMO 值大于 0.7 时，适合做因子分析。由表 5-10 可知，本研究中的 KMO 值为 0.902，符合要求。表中的巴特利特球体检验的 χ^2 统计值为 5584.595，自由度为 300，其显著性概率为 0.000，小于 1% 的标准，说明数据具有相关性，适合做因子分析。

表 5-10　KMO 检验和巴特利特球体检验结果

取样足够度的 Kaiser-Meyer-Olkin（KMO）度量		0.902
巴特利特球体检验	近似卡方	5584.595
	df	300
	Sig.	0.000

表 5-11 为探索性因子分析方差累积表。7 个因子分别解释了总体方差的 13.38%、13.17%、11.46%、11.23%、11.04%、9.51% 和 8.54%。平均每个因子解释了总体方差的 11.19%，标准差为 1.76%。所用因子的解释能力都在均值附近的两个标准差范围内（7.67%～15.71%）。因此，各潜变量解释总体方差的能力非常平均，没有出现某一个和几个潜变量解释了总体方差的绝大部分，而有些潜变量解释方差总体变动的比例非常小的状况。

表 5-11　探索性因子分析总方差累积表

成分	初始特征值			提取平方和载入			旋转平方和载荷		
	合计	方差 /%	累积 /%	合计	方差 /%	累积 /%	合计	方差 /%	累积 /%
1	11.152	39.403	39.403	11.152	39.403	39.403	3.728	13.171	13.171
2	2.819	9.959	49.362	2.819	9.959	49.362	3.243	11.459	24.630
3	2.397	8.468	57.830	2.397	8.468	57.830	3.179	11.231	35.862
4	1.768	6.248	64.078	1.768	6.248	64.078	3.123	11.035	46.897
5	1.540	5.440	69.518	1.540	5.440	69.518	3.787	13.380	60.277
6	1.324	4.679	74.197	1.324	4.679	74.197	2.692	9.513	69.790
7	1.171	4.136	78.333	1.171	4.136	78.333	2.418	8.543	78.333
8	0.673	2.379	80.712						
9	0.612	2.163	82.875						
10	0.591	2.087	84.963						
11	0.465	1.643	86.606						
12	0.462	1.631	88.237						

续表

成分	初始特征值			提取平方和载入			旋转平方和载荷		
	合计	方差/%	累积/%	合计	方差/%	累积/%	合计	方差/%	累积/%
13	0.422	1.492	89.729						
14	0.395	1.394	91.124						
15	0.350	1.236	92.359						
16	0.325	1.149	93.508						
17	0.277	0.977	94.486						
18	0.263	0.929	95.415						
19	0.250	0.882	96.296						
20	0.230	0.812	97.108						
21	0.207	0.732	97.840						
22	0.180	0.635	98.474						
23	0.158	0.557	99.031						
24	0.152	0.536	99.567						
25	0.122	0.433	100.000						

表 5-12 为因子分析转轴后的成分矩阵。当对 25 个观测变量提取 7 个因子时，各因子包含的观测变量恰好与测量模型设定的观测变量相同。并且，任意因子下的任意观测变量在其他因子上的载荷均较小，最大的为 0.356 （PE→FC4），其余均小于 0.3。所有值都小于 Hair 建议的标准值 0.45。表明没有出现观测变量横跨多个潜变量的问题。

表 5-12 因子分析转轴后的成分矩阵

因子	题项	成分						
		1	2	3	4	5	6	7
信任	TRU1	**0.881**	0.081	0.149	0.135	0.046	0.152	0.143
	TRU2	**0.862**	0.089	0.009	0.181	0.011	0.223	0.104
	TRU4	**0.822**	0.184	0.105	0.192	0.170	0.119	0.132
	TRU3	**0.749**	0.240	0.194	0.082	0.151	0.255	0.050

续表

因子	题项	成分						
		1	2	3	4	5	6	7
企业创新障碍	CIB3	0.182	**0.823**	0.091	0.199	0.090	0.140	0.151
	CIB1	0.148	**0.818**	0.173	0.171	0.159	0.131	0.129
	CIB2	0.115	**0.778**	0.155	0.137	0.108	0.096	0.156
	CIB4	0.093	**0.739**	0.216	0.027	0.108	0.113	0.094
便利条件	FC1	0.050	0.165	**0.864**	0.186	0.095	0.131	0.165
	FC2	0.147	0.218	**0.826**	0.154	0.150	0.107	0.111
	FC3	0.131	0.144	**0.812**	0.177	0.153	0.128	0.199
	FC4	0.194	0.285	**0.549**	0.213	0.127	0.041	0.356
开放创新理念	OIB2	0.156	0.121	0.167	**0.838**	0.090	0.141	0.126
	OIB4	0.074	0.113	0.209	**0.793**	0.095	0.176	0.146
	OIB1	0.148	0.139	0.109	**0.779**	0.137	0.163	0.038
	OIB3	0.238	0.162	0.146	**0.606**	0.072	0.144	0.241
社会影响	SI1	0.150	0.117	0.161	0.109	**0.866**	0.112	0.026
	SI2	0.141	0.181	0.141	0.124	**0.849**	0.118	0.001
	SI3	0.002	0.103	0.087	0.099	**0.827**	0.111	0.185
接受意图	ABI3	0.301	0.155	0.142	0.230	0.150	**0.797**	0.072
	ABI1	0.221	0.215	0.071	0.233	0.188	**0.793**	0.223
	ABI2	0.321	0.158	0.215	0.247	0.121	**0.791**	0.107
预期绩效	PE2	0.211	0.092	0.179	0.165	0.066	0.025	**0.816**
	PE3	0.059	0.198	0.236	0.126	0.068	0.089	**0.756**
	PE1	0.121	0.263	0.166	0.183	0.109	0.375	**0.712**

注：提取方法：①主成分法；②旋转法：具有 Kaiser 标准化的正交旋转法；③旋转在 7 次迭代后收敛

二、结构方程模型之结构模型分析

经以上验证性因子分析，发现各潜在变量（因子）可以较好地由所设定的观测变量（指标）来测度。在潜变量被很好地界定和测度之后，就可以对潜变量之间的结构关系进行分析，检验之前基于文献研究和理论分析提出的相关假设，发现影响科技中介接受意图的因素及作用路径。

1. 样本正态分布与 Bootstrap

本研究采用最大似然估计法（ML）进行模型参数估计。最大似然估计法对样本的正态分布具有较高的要求，因此，需对调查样本进行正态分布检验。单变量是否符合正态分布，可以通过对观测变量的偏度和峰度进行检验。Ghiselli 等认为如果偏度小于 2，峰度小于 5，则可认为样本服从正态分布。Kline（2005）提出检验样本正态分布的经验法则要求偏度的绝对值在 2 以下，峰度在 8 以内。各变量的描述性统计（表 5-2）表明各指标均在标准值以内，说明依经验判断样本基本近似于正态分布。但 Jarque-Bera 检验结果显示变量 ABI1、PE1、PE2、PE3 等 14 个变量在 0.05 的置信水平上是显著的，即其分布可能不符合正态分布。

为克服样本非正态分布导致的估计偏误，AMOS 软件内置了 Bootstrap 功能。Bootstrap 是一种非参数统计方法。Bootstrap 方法从观察数据出发，针对统计中的参数估计及假设检验问题，以研究样本作为抽样总体，采用有放回的重复取样，从研究样本中反复抽取一定数量的样本（例如，抽取 2000 次）。利用 Bootstrap 方法产生的自举样本计算的统计量的数据集可以用来反映该统计量的抽样分布，即产生经验分布。这样，即使对总体分布不确定，也可以近似估计出该统计量及其置信区间，由此分布可得到不同置信水平相应的分位数，即通常所谓的临界值，可进一步用于假设测验。因而，Bootstrap 方法能够较好解决由样本非正态分布导致的显著性检验失效问题。虽然 Bootstrap 技术的统计思想比较明了，但因为 Bootstrap 过程中涉及大量的模拟计算，早期的计算机很难有效处理，因而限制了其使用。到了最近几年，随着计算机技术的快速发展，计算能力才显著提高，Bootstrap 技术才得到越来越多的应用。

本研究所用样本大多符合正态分布，但仍有几个没有通过显著性检验，为求结果精准，在进行最大似然估计时，此处使用 Bootstrap 方法。

2. 模型的适配度检验

模型的适配度是指假设的理论模型与实际数据的一致性程度，即理论模型与观察数据之间是否适配（吴明隆，2009）。良好的适配性是结构方程模型分析结论正确的必要条件。结构方程模型在进行参数估计的过程中，假设模型隐含的协方差矩阵 $\hat{\Sigma}$ 应尽可能地接近所搜集样本的协方差矩阵 S。矩阵 $\hat{\Sigma}$ 与 S 越接近，表示模型适配度越好。因此，结构方程模型的适配度指标的主要功能在

于评价估计矩阵 $\hat{\Sigma}$ 与 S 之间的紧密性。

SEM 评估中有许多的模型适配度指标，各自反映出模型的某部分特性。Hair 等将整体适配度评价指标分为三类：绝对适配度指标、增值适配度指标及简约适配度指标。绝对适配度指标用于评价理论模型能够预测观测变量相关系数矩阵的程度。其相关指标是将理论模型与饱和模型比较所得的统计量。绝对适配度的主要指标有 χ^2 值、χ^2 自由度比率（χ^2/DF）适配度指标（GFI）、调整后的适配度指标（AGFI）、标准化均方根残差（SRMR）、近似误差均方根（RMSEA）等。增值适配度指标通常是将待检的理论模型与独立模型的适配度进行比较，以判别理论模型的契合度。增值适配度指标主要有规范适配度指标（NFI）、相对适配度指标（RFI）、IFI（增值适配指数）、TLI（非标准适配指数）、CFI（比较适配指数）。简约适配度指标用于对模型精简程度的评价，通常惩罚估计参数多的模型。简约适配度指标主要有简约适配度指标（PGFI）、简约后规范适配度指标（PNFI）、简约后适配度指标（PCFI）。由于 Hair 关于检验指标的分类方法基本达成共识（黄芳铭，2005），所以，本书主要通过以上指标对模型适配度进行检验。各指标判断标准及本书模型实证得到的数据见表 5-13。

表 5-13　模型整体拟合度指标

指标类型	适配度指标	判断标准	模型结果	结论
绝对适配度指标	χ^2	越小越好	611.012	—
	χ^2/DF	<3	2.387	符合
	GFI	>0.9	0.868	接近符合
	AGFI	>0.8	0.833	符合
	SRMR	<0.08	0.060	符合
	RMSEA	<0.08	0.067	符合
增值适配度指标	NFI	>0.9	0.894	接近符合
	RFI	>0.9	0.935	符合
	TLI	>0.9	0.924	符合
	CFI	>0.9	0.935	符合
简约适配度指标	PGFI	>0.5	0.684	符合
	PNFI	>0.5	0.763	符合
	PCFI	>0.5	0.798	符合

3. 结构模型的直接路径分析

模型的适配度检验是评价结构模型与所搜集数据是否相互适配，并不能说明结构模型中的路径假设是正确的。一个适配度完全符合评价标准的模型也不一定保证理论假设就是正确的。因此，需要在模型适配度通过检验之后，对模型各潜变量间的路径系数进行验证，即对之前提出的假设进行验证。由于路径分析本质上是回归分析，所以对路径系数的检验即等同于回归分析对估计参数的检验。一般要满足以下三个条件。① 路径系数是否显著不同于 0，通常设定置信水平为 0.05，检验路径系数的 t 值（估计值/标准误）是否大于 1.96。② 解释变量对被解释变量的总体解释能力，即被解释变量的多元相关系数平方（SMC，相当于回归分析中的 R^2）。③ 路径系数的方向是否与理论预期的方向一致，如预期绩效与接受意图理论上是正相关的，实证研究结果应该与此一致。④ 路径系数的估计值是否有意义，如方差不应该出现负数，标准化估计值应该小于 1 等。

AMOS 软件以图形的形式较好地展示模型运算结果，图 5-13 为科技中介接受意图模型非标准化结果，图 5-14 为标准化后结果。图中连接潜变量之间的数字即为路径系数，其中非标准化路径系数表示自变量变化一个单位，会引起因变量变化多少。标准化路径系数表述自变量变化一个标准差，会引起因变量变化多少单位的标准差。标准化后结果中内因潜变量接受意图和预期绩效边上给出的数字 0.57 和 0.44 分别为各自的 SMC，即模型对其方差解释的比例。更详细的结果，如非标准化估计值、标准误、t 值和 P 值见表 5-14。

表 5-15 给出了采用偏差校正的非参数百分位 Bootstrap 法和非参数百分位 Bootstrap 法进行最大似然估计时各路径系数的置信区间。由于对原始样本采用了 2000 次有放回的重复抽样，其对各路径系数的检验可信度更高。

从对接受意图的解释来看。接受意图的多元相关系数值（SMC）为 0.57，即预期绩效、开放创新理念、企业创新障碍、信任、社会影响和便利条件六个解释变量一共解释了接受意图总方差的 57%。从已有的社会接受行为实证研究结果来看，57% 的解释能力处在中等偏上的水平。各解释变量对接受意图的路径系数均为正数，与理论假设一致。预期绩效、开放创新理念、信任和社会影响对接受意图的路径系数的 t 值分别为 3.285、3.691、6.071 和 2.542，都达到了 0.05 的置信水平。但企业创新障碍和社会影响对接受意图的路径系数的 t 值分别为 1.023 和 0.122，没有达到 0.05 的显著性水平。表 5-17 显示

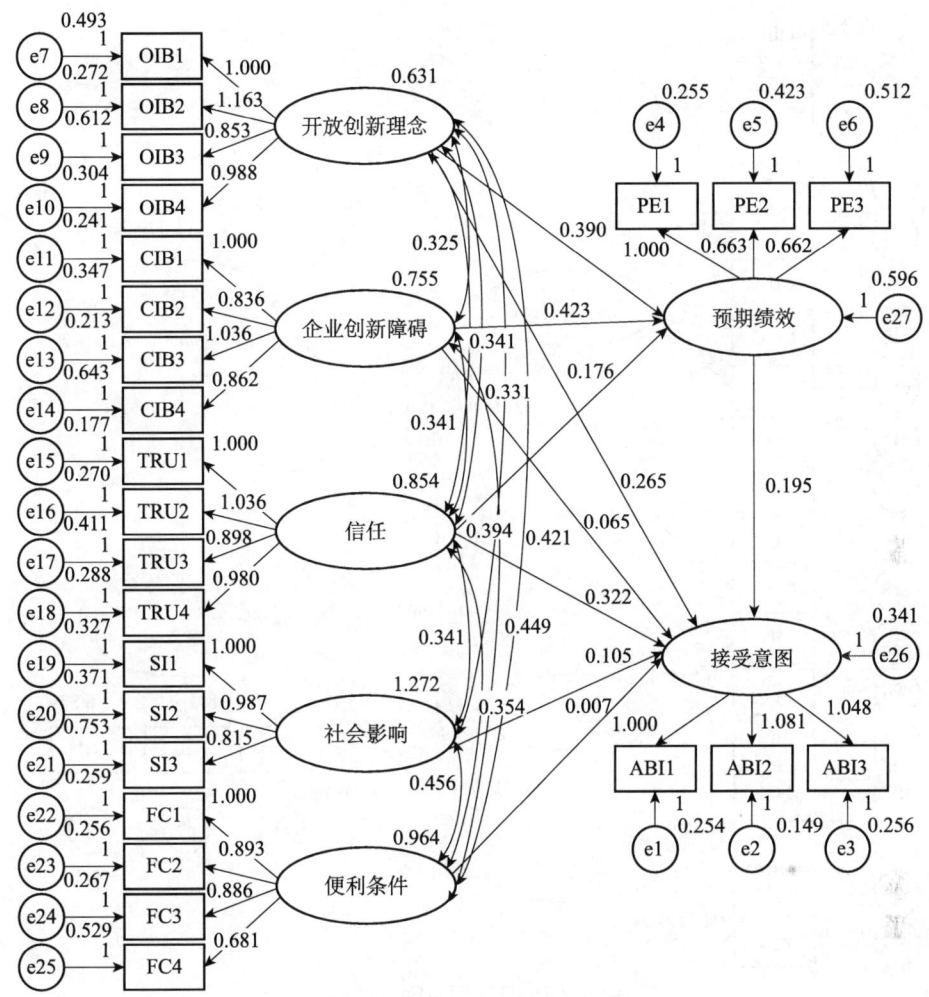

Chi-square=611.012 DF=256 Chi/DF=2.387
GFI=0.868 AGFI=0.833 RMSEA=0.067

图 5-13 科技中介接受意图模型非标准化结果

当采用偏差校正的非参数百分位 Bootstrap 法和非参数百分位 Bootstrap 法进行最大似然估计时，各路径系数的显著性都有较小程度的降低（如没有采用 bootstrap 时，预期绩效对接受意图路径系数 P 值为 0.001，而采用偏差校正的非参数百分位 Bootstrap 法和非参数百分位 Bootstrap 法时，p 值都上升到 0.004.），但并没有改变显著性检定结果。从而，假设 H1、H2、H4 和 H5 通过检验，而 H3 和 H6 没有通过检验。

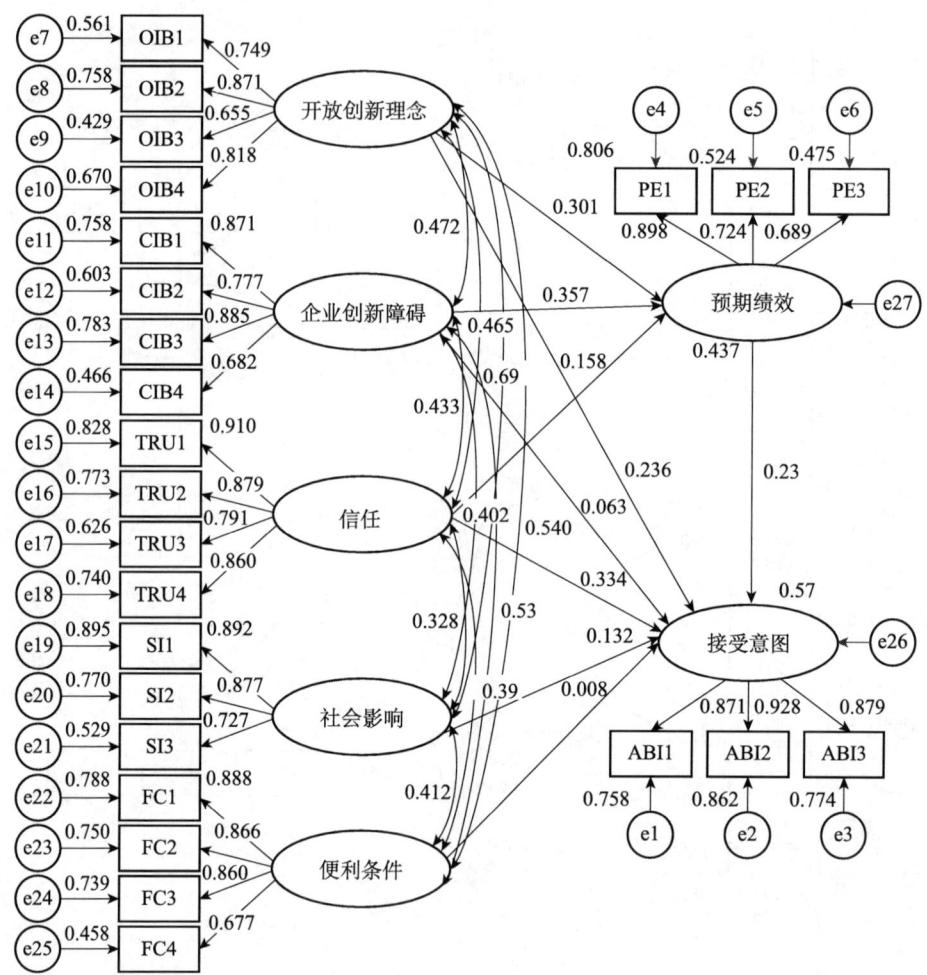

Chi-square=611.012 DF=256 Chi/DF=2.387
GFI=0.868 AGFI=0.833 RMSEA=0.067

图 5-14　科技中介接受意图模型标准化结果

表 5-14　结构方程模型路径估计及检验值

解释变量		被解释变量	标准化估计值	非标准化估计值	标准误	CR (t-值)	P-值
预期绩效	→	接受意图	0.225	0.195	0.059	3.285	0.001
开放创新理念	→	接受意图	0.236	0.265	0.072	3.691	***
企业创新障碍	→	接受意图	0.063	0.065	0.064	1.023	0.306
信任	→	接受意图	0.334	0.322	0.053	6.071	***
社会影响	→	接受意图	0.132	0.105	0.041	2.542	0.011

续表

解释变量		被解释变量	标准化估计值	非标准化估计值	标准误	CR（t-值）	P-值
便利条件	→	接受意图	0.008	0.007	0.056	0.122	0.903
开放创新理念	→	预期绩效	0.301	0.390	0.088	4.414	***
企业创新障碍	→	预期绩效	0.357	0.423	0.078	5.409	***
信任	→	预期绩效	0.158	0.176	0.069	2.537	0.011

表 5-15 采用 bootstrap 抽样的结构方程模型路径估计及检验值

解释变量		被解释变量	ML 估计		偏差校正的非参数百分位 Bootstrap 法			非参数百分位 Bootstrap 法		
			非标准化估计值	P-值	95%下限	95%上限	P-值	95%下限	95%上限	P-值
预期绩效	→	接受意图	0.195	0.001	0.067	0.323	0.004	0.066	0.321	0.004
开放创新理念	→	接受意图	0.265	***	0.087	0.425	0.005	0.087	0.424	0.006
企业创新障碍	→	接受意图	0.065	0.306	−0.074	0.198	−0.346	0.077	0.197	0.354
信任	→	接受意图	0.322	***	0.198	0.472	0.000	0.188	0.458	0.001
社会影响	→	接受意图	0.105	0.011	0.010	0.209	0.029	0.012	0.210	0.027
便利条件	→	接受意图	0.007	0.903	−0.185	0.157	0.959	−0.158	0.176	0.862
开放创新理念	→	预期绩效	0.390	***	0.174	0.633	0.001	0.154	0.620	0.001
企业创新障碍	→	预期绩效	0.423	***	0.249	0.611	0.001	0.256	0.621	0.001
信任	→	预期绩效	0.176	0.011	0.006	0.336	0.039	0.011	0.341	0.033

注：*** 表示 P 值小于 0.001；Bootstrap 法抽样次数为 2000 次

从对预期绩效的解释来看。开放创新理念、企业创新障碍和信任解释了预期绩效方差的 44%。各解释变量对接受意图的路径系数均为正数，与理论假设一致。开放创新理念、企业创新障碍和信任对预期绩效的路径系数 t 值分别为 4.414、5.409 和 2.537，达到 0.05 的显著性水平。采用偏差校正的非参数百分位 Bootstrap 法和非参数百分位 Bootstrap 法进行最大似然估计时，各参数的显著性水准有所下降，但同样达到显著性水平。从而假设 H7、H8 和 H9 通过检验。

本研究的结果显示 H3 并没有通过检验，即企业创新障碍对接受意图的影响并不显著。通常的逻辑是企业感知到的企业创新障碍越强，企业越倾向于谋求与科技中介机构的合作，而实证结果并不支持这一逻辑。可能的原因是中介变量在起作用，即企业创新障碍对接受意图的影响通过预期绩效中介作用传导到接受意图，从而导致企业创新障碍对接受意图的直接作用不显著。而且，结果显示企业创新障碍对预期绩效有显著的正向影响，同时预期绩效对接受意图又有显著的正向影响。从而，中介作用发生的可能性就较大了。同样预期绩效还可能充当开放创新理念、信任与接收意图之间的中介。这种中介作用是否显著，尚待检验。

结果显示 H6 同样没有通过检验，表明所收集样本并不支持便利条件对接受意图有显著的正向影响的假定。前文对文献的研究发现，虽然现有的研究结果在便利条件促进接受行为这一点上是一致的，但就便利条件促进接受意图而言，部分实证研究支持了该假定，而有些文献则表明便利条件并不能显著地提升接受意图。本研究结果显然属于后一类。

4. 中介作用检验

H10：开放创新理念通过预期绩效的中介作用对接受意图有显著的正向作用；H11：企业创新障碍通过预期绩效的中介作用对接受意图有显著的正向作用；H12：信任通过预期绩效的中介作用对接受意图有显著的正向作用，都与中介作用有关，即预期绩效同时充当了开放创新理念、企业创新障碍及信任与接受意图之间的中介变量。因此需要对中介效应的显著性进行检验。

中介作用是社会科学研究事物间关系时关注的一个重要现象。当自变量 X 通过变量 Me 对因变量 Y 产生影响时，则 Me 被称为中介变量，其在 X 和 Y 之间充当中介角色，发挥中介效应，见图 5-15。

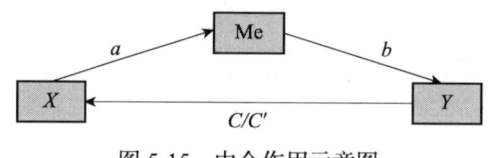

图 5-15　中介作用示意图

中介变量是两种关系之间的纽带，中介效应在社会科学研究中具有重要意义。首先，在理论上，中介效应意味着某种内部机制，通过对中介效应的研究可以识别一个变量是通过什么途径影响另一个变量的，尤其是当自变量（X）到因变量（Y）的作用过程不直观时。比如，经济萧条时，人们说的"信心比黄金更重要"，其原因在于信心可以增加消费和投资，从而拉动经济增长，消费及投资在信心和经济增长之间起到中介作用。其次，如果已经确定中介变量（Me）对因变量（Y）有显著影响，人们可以通过寻找更多的自变量（X）来解释中介变量（Me），从而对事物的理解更加深入。比如，社会行为理论认为个体的行为意图决定人的行为，计划行为理论在此基础上提出影响行为意图的三个变量——态度、主观规范及认知行为控制，从而深化了对个体行为的理解。再次，从实务来看，有时可以通过对中介变量的调整来实现对事物的控制。例如，就火灾、火警和损失三者关系而言，火灾直接导致损失，而火警出警及时可以降低损失，因此可以建立火灾自动报警系统提高火警出警速度，从而降低火灾损失。

可见，中介变量是整个因果过程中的重要一环，中介效应分析的前提是变量间存在明确的（理论上或事实上的）因果关系（Makinnon et al., 2007），此时，自变量对因变量的作用可以界定为直接效应（c'）、中介效应（间接效应，$a \cdot b$）和总效应（c）。中介效应分析的主要工作就是识别直接效应和间接效应。

中介效应分析方法经历了三个阶段。最早得到广泛应用的是 Baron 和 Kenny（1986）提出的因果分析法。该方法要求做三个回归分析：

$$Y = \beta_0 + cX + \varepsilon$$
$$M = \beta_1 + aX + \varepsilon$$
$$Y = \beta_2 + b\mathrm{Me} + c'X + \varepsilon$$

其中，第一个回归式检验自变量 X 对因变量 Y 的总效应，要求 $c \neq 0$ 且显著。第二个回归式检验自变量 X 对中介变量 Me 的作用，$a \neq 0$ 且显著是中介作用或间接效应存在的必要条件。第三个式子包含解释变量 Me 和 X，$b \neq 0$ 且显著同样也是中介作用或间接效果存在的必要条件，当满足 $c \neq 0$、$a \neq 0$、$b \neq 0$ 且都显著，就说明存在间接效应或中介效应；而此时若 $c' \neq 0$ 且显著，则为部分中介作用；若 $c' = 0$，则为全部中介作用，即直接效应为 0。

虽然 Baron 和 Kenny 的方法易于理解和操作，但其存在的问题也是明显的。首先，该方法认为 c 是否显著是中介检验的必要前提，但有些情况下，尽管 c 不显著仍然存在实质的中介效应，即所谓的抑制效应（Makinnon et al., 2000）。其次 a 显著、b 也显著不一定能保证 ab 也是显著的，也就是即使 X 对 Me 的作用是显著的、Me 对 Y 的作用也是显著的，但却不能保证 X 透过 Me 对 Y 的作用也是显著的，即该方法并没有对中介效应的显著性进行检验。模拟研究发现，与其他方法相比，逐步检验法的统计功效最小。

所以有必要对 ab 的显著性进行检验。通过检验 ab 显著性进行中介效应分析的最主要方法是 Sobel test 法（Sobel，1982；1986），即系数相乘法（product of coefficients approach）。该方法通过构建 Soble 检验统计量 Z 来检验 ab 的显著性，公式为

$$Z = \frac{ab}{\text{SE}_{ab}}, \text{SE}_{ab} = \sqrt{a^2 \text{SE}_b^2 + b^2 \text{SE}_a^2}$$

其中，a、b 分别为以上回归中的估计值，SE_a、SE_b、SE_{ab} 分别是 a、b、ab 的标准差。将该统计检验量与标准正态分布的临界 Z 值比较，如果 Sobel 检验统计量大于临界值，则说明中介效应显著。

Sobel test 的一个重要缺陷在于其要求中介效应的抽样分布服从正态分布，但即使 a 和 b 分别服从正态分布，ab 的分布往往也会是有偏的（Bollen and Stine，1990；Stone and Sobel，1990），此时即使 Sobel 检验统计量大于 1.96，也并不能检验中介作用在 0.05 的置信水平上是显著的（Makinnon et al.，2004）。

如何有效克服由中介效应抽样分布的有偏导致的显著性检验失效问题是当前中介效应研究的一个重要课题。可以达到这一目的的技术有两种：Bootstrap 和经验 M-test。Bootstrap 以研究样本作为抽样总体，采用有放回的重复取样，从研究样本中反复抽取一定数量的样本（如抽取 2000 次）。利用 Bootstrap 方法产生的自举样本计算的统计量的数据集可以用来反映该统计量的抽样分布，即产生经验分布。这样，即使对总体分布不确定，也可以近似估计出该统计量及其置信区间，由此分布可得到不同置信水平相应的分位数，即通常所谓的临界值，可进一步用于假设测验。因而，Bootstrap 方法能够较好地解决由中介效应非正态分布导致的显著性检验失效问题，通常有非参数百分位 Bootstrap 和偏差校正的非参数百分位 Bootstrap 两种方法来估计置信区间。模拟研究表明，Bootstrap 方法比 Sobel Test 和因果法检验中介效应具有更强的统计功效。

虽然 Bootstrap 技术的统计思想比较明了，从理论上讨论对间接效应进行 Bootstrap 检验的文献在 20 世纪 90 年代就开始出现。但因为 Bootstrap 过程中涉及大量的模拟计算，早期的计算机很难有效处理，因而限制了其使用；只有到了最近几年，随着计算机技术的快速发展，计算能力显著提高，Bootstrap 技术才得到越来越多的应用。利用 Bootstrap 抽样法对中介效应进行检验的文献也开始不断出现（Hayes，2009）。

经验 M-test 法即乘积分布法（distribution of products approach）则不再将中介效应（ab）看作正态分布，而是非对称偏态分布，是两个正态分布随机变量的乘积分布，并依此构建上下置信限不对称的置信区间对中介效应进行显著

性检验（Tofighi and Makinnon，2011）。MaKinnon 等（2007）开发了间接效果信赖区间的计算程序（distribution of the product confidence limits for indirect effects，PRODCLIN），利用该程序可以构建不对称的置信区间，进而检验中介效应。

通过以上对中介效应检验方法的比较分析。本研究采用系数相乘（Sobel test）、bootstrap 和乘积分布（M-test）三种方法对中介效应进行分析。三种方法检验中介效应结果见表 5-16。

表 5-16 三种方法检验中介效应结果比较

路径	效应类型	点估计值	系数相乘法		Bootstrap 法				乘积分布法	
					Bias-Corrected 95% CI		Percentile 95% CI		PRODCLIN 95% CI	
			SE	Z	下限	上限	下限	上限	下限	上限
开放创新理念→接受意图	总效应	0.341	0.086	3.965	0.182	0.521	0.168	0.512	0.172	0.509
	直接效应	0.265	0.086	3.081	0.087	0.425	0.087	0.424	0.096	0.434
	间接效应	0.076	0.036	2.111	0.023	0.172	0.018	0.157	0.024	0.150
企业创新障碍→接受意图	总效应	0.148	0.067	2.209	0.017	0.278	0.015	0.277	0.017	0.279
	直接效应	0.065	0.070	0.386	-0.074	0.198	-0.077	0.197	-0.072	0.202
	间接效应	0.083	0.037	2.243	0.024	0.172	0.023	0.169	0.029	0.150
信任→接受意图	总效应	0.356	0.070	4.746	0.232	0.506	0.223	0.490	0.218	0.493
	直接效应	0.322	0.070	4.600	0.198	0.472	0.188	0.458	0.185	0.459
	间接效应	0.034	0.021	1.619	0.005	0.091	0.001	0.081	0.005	0.082

注：bootstrap 抽样次数为 2000 次

H10 的验证过程如下。系数相乘法结果显示开放创新理念对接受意图总效应的点估计值为 0.341，标准差为 0.086，Z 值为 3.965，大于标准 1.96，因而总效应显著；Bootstrap 法和乘积分布法构造的 95% 置信区间不包含 0，同样表明总效应显著。利用系数相乘法计算的直接效应 Sobel 检验统计量的 Z 值为 3.081，大于 1.96；利用 Bootstrap 法构造的直接效应分布的 95% 置信区间不包含 0；利用乘积分布法构造的直接效用分布的 95% 置信区间不包含 0。从而系数相乘法、Bootstrap 法、乘积分布法检验结果都表明直接效应显著，即开放创新理念对接受有直接影响。系数相乘法计算的间接效应 Sobel 统计检验量的 Z 值为 2.111，大于标准值 1.96；Bootstrap 法和乘积分布法构造间接效应分布的 95% 置信区间都不包含 0，从而表明间接效应显著，即预期绩效确实充当了开放创新理念和接受意图的中介变量。由于 OIB 对 AI 的直接效应也是显著的，所以 PE 的中介作用是部分中介。综合上述结果，H10（开放创新理念通过预期绩效的中介作用对接受意图有显著的正向作用）通过检验。

H11 的验证过程如下。系数相乘法结果显示企业创新障碍对接受意图总效应的点估计值为 0.148，标准差为 0.067，Z 值为 2.209，大于标准 1.96，从而总效应显著。Bootstrap 法和乘积分布法构造的 95% 置信区间不包含 0，同样表明总效应显著。直接效应系数相乘法所得的 Z 值为 0.386，明显小于 1.96，表明直接效应在 0.05 的置信水平上不显著；Bootstrap 法和乘积分布法构造的 95% 置信区间都包含 0，同样表明直接效应不显著。三种方法的结果都表明间接效应显著，从而证明企业创新障碍通过预期绩效对接受意图有显著的正向作用。从而 H11 通过检验。由于企业创新障碍对接受意图的直接效应不显著，所以，此处预期绩效充当完全中介的作用，即企业创新障碍对接受意图的影响完全是因为企业创新障碍促进了预期绩效，进而对接受意图产生正向作用。

H12 的检验过程如下。三种方法都表明信任对接受意图的总效应和直接效应显著。利用系数相乘法构造的间接效应的 Z 统计量为 1.619，没有达到 1.96 的置信标准，间接效应不能通过显著性检验。但 Bootstrap 法和乘积分布法构造的间接效应 95% 置信区间都没有包含 0，说明在这两种方法下，间接效应都是显著的。由此，系数相乘法与 Bootstrap 法和乘积分布法的结论是相悖的。前文已经说明 Bootstrap 法和乘积分布法克服了系数相乘法出现的中介效应有偏分布问题，是对系数相乘法的改进，其检验功效更强。因此，接受 Bootstrap 法和乘积分布法的结果，即间接效果是显著的，信任通过预期绩效对接受意图有显著的间接正向作用。从而，H12 通过检验。由于信任对接受意图的直接效应也是显著的，所以预期绩效起了部分中介作用。

第五节 结论及政策含义

社会对科技中介服务充足的需求是科技中介功能实现的前提条件之一。经济发展水平、企业数量、社会创新活跃度等决定了社会对科技中介的潜在需求，这些变量往往短期内难以改变。潜在需求能否有效转换为现实需求，受到社会对科技中介的接受程度的影响。在潜在需求一定的情况下，社会对科技中介的接受程度越高，潜在需求将会更多地转化为现实需求。从我国现实情况来看，当前社会对科技中介的接受程度普遍较低，从而抑制了对科技中介服务的有效需求，阻碍了科技中介功能的实现。社会接受程度低是当前从需求方面阻碍科技中介功能实现的最重要的因素。因此，有必要研究影响社会对科技中介接受程度的主要变量。以此作为相关政策或对策的依据，通过采用相应的措施影响这些变量，提升社会对科技中介的接受程度，进而促进社会对科技中介需求的增加，使得科技中介功能得以有效实现。

本章基于社会行为理论中的技术接受模型，结合科技中介服务自身的特点，构建了科技中介接受意图理论模型，研究影响企业管理人员对科技中介接受意图的主要因素。通过开展问卷调查获取数据，利用 AMOS 软件对调查问卷数据展开实证研究。实证结果见表 5-17。

表 5-17　影响科技中介接受意图的主要因素及效应

路径	效应类型	效应方向	效应大小	检验结果
预期绩效→接受意图	直接效应	正向	0.195	通过检验
开放创新理念→接受意图	总效应	正向	0.341	通过检验
	直接效应	正向	0.265	通过检验
	间接效应（预期绩效为中介变量）	正向	0.076	通过检验
企业创新障碍→接受意图	总效应	正向	0.148	通过检验
	直接效应	正向	0.065	未通过检验
	间接效应（预期绩效为中介变量）	正向	0.083	通过检验
信任→接受意图	总效应	正向	0.356	通过检验
	直接效应	正向	0.322	通过检验
	间接效应（预期绩效为中介变量）	正向	0.034	通过检验
社会影响→接受意图	直接效应	正向	0.105	通过检验
便利条件→接受意图	直接效应	正向	0.007	未通过检验

实证结果表明影响企业管理人员对科技中介接受意图的主要因素有预期绩效、开放创新理念、企业创新障碍、信任、社会影响等。开放创新理念和信任除了直接对接受意图产生正向效应外，还通过对预期绩效的正向效应间接提升接受意图。企业创新障碍对接受意图的影响全部来自间接效益。其中信任对接受意图的正向效应最强，非标准化系数为 0.357，即管理人员对科技中介的信

任提高 1 个单位，其对科技中介的接受意图会提高 0.357 个单位。其后是开放创新理念，非标准化系数为 0.341，其中 0.265 来自直接效用，0.076 来自提升预期绩效进而提高接受意图。预期绩效、企业创新障碍和社会影响对接受意图促进效应的大小分别为 0.195、0.148、0.105。便利条件的作用大小为正向 0.07，但未通过检验。研究的结果与前文假设基本相符。

我们通常会认为预期绩效是影响接受意图的最重要的因素。但实证结果表明，开放创新理念和信任才是影响接受意图的最重要的两个变量。这一发现提醒我们要对这两个变量予以更多的关注。从开放创新理念来看，要求社会有意识地营造开放式文化，引导企业实施开放式创新策略。一方面在新的商业环境中，竞争更加激烈，产品更新换代周期更短，开放创新使得企业有机会利用外部资源，提升自身创新能力；另一方面也利于扩大科技中介的需求，促进科技中介的发展。

信任是指客户对科技中介机构提供有价值服务的能力、信誉的评价。要提高企业对科技中介机构的信任，一方面要求科技中介机构加强自身能力建设，提高服务水平，同时也要求科技中介机构诚信服务。

预期绩效是客户对科技中介有用性的主观评价。要提高企业对科技中介服务的预期绩效，同样要求科技服务机构服务能力的提升。同时，还要注意到，预期绩效既然是一种主观评价，就有可能与客观事实存在偏差。在企业缺乏对科技中介机构和科技服务充分了解的情况下，往往不能充分了解科技中介对其自身的价值。正如 Benbasat 和 Barki（2007）提醒到：从实践的角度考虑，应该客观地去衡量系统的有用性，而非感知到的有用性，只有这样才能够更加准确地识别系统的有用特性。为了使客户能够对科技中介机构的价值做出符合实际的客观评价，要求科技中介机构应加强与客户的信息沟通，同时社会也应该加大对科技中介机构的宣传。

模型中的社会影响来自于企业感受到的外部压力，即别人是怎么做的。如果竞争对手、合作伙伴或周边企业较多地在与科技中介合作，就会对其形成一种外部压力。实证结果表明社会影响对行为意图有积极影响。这说明 Abrahamson 和 Rosenkopf（1997）的潮流压力确实存在于企业对科技中介的接受行为中。从这个角度来理解，对科技中介的接受行为具有累积效应或者网络效应。这就要求科技中介机构加强品牌建设，为已有客户提供有效服务，建立起良好口碑，通过客户带客户的方式，不断累积客户资源，增强影响力。

第六章
我国科技中介功能实现的障碍
——供给方面

有效的供给是科技中介功能实现的另一个前提条件。我国科技中介服务在供给方面存在一些问题阻碍了其功能的发挥。本章首先对科技中介公共物品属性和供给模式进行理论分析。其次，分析了我国政府、私人部门和社会组织这三个主要供给主体在科技中介供给过程中存在的主要问题。最后是一个案例分析，通过构建不同的系统基模对江西生产力促进中心发展过程中存在的问题进行分析，剖析问题产生的因果反馈关系。

第一节 科技中介供给模式

一、公共产品供给理论

按照商品使用和消费过程中的排他性和竞争性程度的不同，经济学理论将商品分为私人物品和公共物品。这里的竞争性是指消费者或消费数量的增加会引起商品生产成本的增加；排他性是指某个消费者在购买并得到一种商品的消费权之后，就可以把其他消费者排斥在获得该商品的利益之外。私人物品既具排他性，又具竞争性。公共物品按照其非排他性和非竞争性的受限程度，可分为纯公共物品和准公共产品，准公共产品又可分为俱乐部产品和公共池塘资源物品（公共资源）。萨缪尔森认为具有非排他性和非竞争性特征的商品为公共物品，这就是我们今天所说的纯公共产品。布坎南指出还有大量的公共物品只具有限制性的非排他性和非竞争性，并提出了俱乐部产品的概念。布坎南认为俱乐部产品对俱乐部成员具有非竞争性，即在达到拥挤点之前，俱乐部成员数量或消费量不会降低其他会员的消费质量；对外具有排他性，即俱乐部产品对俱乐部成员是非排他性的，对非俱乐部成员可以通过技术设计或制度设置，如设置收费亭、围墙等方式进行排他。曼昆指出自然垄断产品具有排他性和非竞争性的性质组合，因而是俱乐部产品。公共资源是哈丁提出的另一类公共产品，这类产品具有消费上的竞争性，但是无法进行低成本排他。美国著名行政学家、政治经济学家埃莉诺·奥斯特罗姆将其称为公共池塘资源物品。这类产品有公共牧场、公共池塘等。公共物品的这种划分通常只具理论上的意义，实际经济中公共物品的非排他性和非竞争性往往都是受限的。而且在理解公共物品的排他性时要注意其本身就是一个动态的概念，随着技术的进步或产权制度安排的变化，排他的成本也会发生变化，原来不具排他性的商品就可能变得具有排他性。同时，公共物品的非竞争性也是一个相对的概念，往往在达到拥挤点之前是不具竞争性的，但当消费者超过一定数量时，就会出现拥挤现象，即新增的消费成本不再为零。

　　私人物品的非竞争性和非排他性决定了消费者要消费某种商品必须自己出价购买。在完全竞争的市场上，消费者按照商品带给他的边际效用进行出价，生产者按照生产商品的边际成本进行供给。市场均衡时，其价格等于生产该商品的边际成本，资源配置是有效率的。由于生产者的成本能够通过市场得以完全补偿，所以，私人物品可以通过市场由私人企业进行供给，通过销售收入进行筹资。有别于私人物品，公共物品的非排他性或非竞争性的属性，往往导致市场供给的失灵问题。公共物品的非排他性或有限排他性，往往使得理性趋利的消费者会隐瞒对公共物品的实际需求，每个人都打算等别人去购买公共物品然后无偿地进行使用。这就是公共物品市场上的"偏好显示"的困难和"搭便车"行为。最终结果是没人对公共物品进行支付，生产者的成本不能得到补偿，从而导致供给不足和资源配置的无效率。

　　公共物品的市场失灵问题，通常要求政府对公共物品的供给进行干预。早期的做法是政府作为公共物品的供给主体，直接生产和供给公共物品。但是公共选择理论发现由政府直接生产并供给公共产品会产生公共部门失灵问题。这些问题主要如下。①在缺乏有效竞争机制时，公共产品产出量无法进行测量，可能导致公共产品供给不足或过度供给问题。通常政府对能显著提升政治绩效的公共物品供给积极性较强，而对政治绩效不显著的产品供给积极性较弱。②政府作为单一的供给主体容易产生腐败问题。③政府缺乏盈亏机制的约束，公共产品生产过程中容易出现资源浪费,导致生产的无效率问题。

针对政府和市场"双重失灵"问题,公共产品的多元供给理论主张将公共物品的安排者(规划者)与生产者分离。在某些领域,政府可以将其委托给私人企业,同时为私人生产者提供制度保障和激励。从根本上说,公共物品的私人供给机制是一种公私部门之间的委托-代理关系。在此过程中,由私人部门或市场力量组织生产公共物品,再由政府公共机构以付费形式购买,提供给有需求的公众(吕达,2004)。企业充当公共产品的生产者,政府充当公共产品的安排者。

在政府和企业之外,非营利性组织在公共产品供给方面发挥着越来越重要的作用。非营利性组织是独立于政府和企业之外的第三部门,具有组织性、民间性、志愿性、自治性、公益性等特点。非营利性组织通过政府资助和企业捐赠的资金开展活动,实现自己的宗旨,是社会和市场的有益补充(闫龙飞,2012)。当政府所提供的公共物品无法满足成员的公共需求时,那些无法通过政府来满足公共需求的人,往往建立一种"自治"组织,通过互惠互利的机制实现其公共需求。非营利性组织的成员,基于对该组织致力于公益或共益的宗旨和理念的认可,提供捐赠或志愿服务,为自己及他人提供公共物品。除了自发形成的非营利性组织外,政府也可以通过政策引导和资金资助的形式自上而下地发展非营利性组织。

二、科技中介服务的公共产品属性及供给模式

科技中介服务主要服务于知识生产、扩散和应用。其服务具有内容众多、形式多样、服务对象多元化的特点。各具体业务存在较大的差异,各种服务的公共物品属性存在较大的差异。有些接近纯公共物品属性,有些则接近纯私人物品属性,有些是介于两者之间。一些科技中介服务的受惠对象是所覆盖范围内的所有企业,因而具有纯公共物品的属性。例如,相关科技政策的宣传、纯公共技术的推广示范等,这类服务属纯公共物品。针对单个企业提供的个别业务服务往往具有私人物品的属性,如法律事务所为单个企业提供的法律服务、会计师事务所为企业提供的会计服务、中介服务机构为单个企业提供的市场业务拓展支持等。这类服务具有收益对象明确、排他性和竞争性强的特点,可划为私人物品。满足整个行业对一些共性问题和业务需求的服务往往具有准公共产品的性质。例如,行业工程技术中心开展的共性技术开发、工艺提升方案等活动,行业协会开展的行业标准制定、区域行业品牌宣传、组织区内企业共同

应对对外贸易的反倾销调查，生产力促进中心组织行业展销会等。这类服务具有局部的排他性和受限的竞争性，只要是行业相关企业都可以从中受惠，非行业内的企业是不能受惠。因此，这类服务具有明显的准公共产品的特征，属俱乐部产品。

按照公共产品供给理论，针对不同属性的商品，其供给模式是不一样的。我国科技中介服务产品属性的多样化，必然要求供给主体的多元化。政府、私人部门和社会团体都应在科技中介服务供给中发挥重要作用，如表 6-1 所示。

表 6-1　科技中介服务多元化供给模式

供给主体	政府	私人部门	非营利性组织
供给内容	公共物品属性的科技中介服务，包括相关法律法规、政策等制度要素	私人物品属性的科技中介服务	公共物品属性的科技中介服务
供给方式	政府直接安排资金，提供科技中介服务，或是委托企业或非营利性机构进行生产	提供具有排他性的科技中介服务，向受惠对象收费	接受政府资助或企业捐赠，为特定机构提供科技中介服务
供给目的	政治选票	货币选票（利润）	社员利益或特定群体利益
供给机制	强制机制	市场机制	自愿机制
资金来源	税收、服务收费	服务收费	政府资助、企业捐赠、收费

对于纯私人产品性质的科技中介服务，应该交给私人企业，通过市场机制实现供给。对于公共产品，政府应该作为公共科技中介服务的主导安排者，可以自己直接供给公共产品，也可以委托私人或社会团体进行生产，然后由政府购买提供给服务对象，同时实现生产企业的成本补偿。社会团体在供给准公共产品，尤其是俱乐部产品方面具有独特的优势，对于一些行业共性的科技中介服务，这类组织可以发挥主要供给者的作用。同时政府理应为这类组织提供必要的资金和政策支持。

第二节　我国科技中介供给存在的问题

科技中介多元供给模式要求政府、私人部门和社会组织这三个主体各自发挥自己的供给职能，共同保障高效的市场供给。在我国，从学术界到政府，再到企业界都已经认识到科技中介多元供给的必要性，政府也出台相关政策鼓励和协调多方力量参与市场供给，多元供给机制已经初步形成。但在实际运行中，还存在较多问题。以下分别从政府、私人部门和社会组织这三个供给主体来分析我国科技中介供给存在的问题。

一、政府层面

政府除了是具有公共物品属性的科技中介的供给者，还是社会制度这个最大公共物品的供给者，要为科技中介发展提供相关的法律法规和政策环境。同时，政府还是社会的监管者，行使对科技中介机构和行业的监管职责。因此，政府行为对科技中介服务的有效供给和行业的健康发展有重要影响。总体来看，当前我国各级政府还存在一些抑制科技中介服务有效供给的行为。

1. 政府没有处理好科技中介服务供给者和安排者的角色关系

科技中介服务的公共物品属性为政府参与科技中介服务供给提供了理论依据，但政府失灵问题表明政府并不适合直接生产科技中介服务。一种合理的安排是将生产和供给分离，政府作为服务的安排者，而企业或社会团体作为服务的生产者。在计划经济体制下，几乎所有的商品都由政府直接生产和提供，科技中介服务自然不能例外。计划经济体制使得我国的主要科技中介服务机构，如技术市场、生产力促进中心、各种工程试验中心等都依附于相应政府部门、高校或科研院所，按照事业单位体制运行。这些都是典型的政府直接生产并提供服务的模式。

近年来，科技体制改革的一个方向就是公办科技中介机构去行政化、去政府化，但是多数机构并没有建立起符合现代企业制度的管理体制。截至目前，这种官方半官方性质的科技中介服务机构仍然是主流形式，国有、非独立法人的科技中介机构仍然占多数。这种官办官营性质的科技服务机构的人事任免、薪酬等都受到政府的干预。政府部门对中介机构的干涉过多，使得科技中介机构很难独立、公正地开展业务。也使得科技中介服务机构内部激励机制和约束缺失，缺乏市场竞争意识和主动服务意识，资源利用效率低下。同时，政府或相关职能部门与科技中介之间仍然存在严密的利益关联机制，必然使得政府在选择公共服务的委托方时倾向于这些机构，不利于公平竞争的市场环境的形成。

2. 政府没能提供有效激励多方参的法律法规和政策环境

良好的法律法规体系和政策环境是鼓励多方力量参与科技中介服务，促进科技中介发展和运行的必要条件。政府作为国家的权力机构是社会制度和法律法规的主要供给者，为科技中介服务供给良好的法律法规和政策环境是其基本职能之一。为适应我国科技中介行业的发展需要，我国各级政府先后出台了一系列涉及科技中介的法律、法规和政策，如《中华人民共和国科学技术进步法》《中华人民共和国促进科技成果转化法》《关于加速发展科技咨询、科技信息和技术服务业的意见》《关于大力发展科技中介机构的意见》《生产力促进中心管理办法》和《科技企业孵化器认定和管理办法》等。这些举措对促进我国科技中介的发展起到了积极作用。但是，随着科技中介行业服务主体的多元化、服务内容多样化和深层化的发展，现有法律、法规和政策在某些方面已经难以适应新形势的需要，甚至阻碍了科技中介的发展。

首先，我国科技中介机构的法律主体地位尚未明确，机构的权利、义务和从业人员的责任也没有界定清晰。由于我国早期的科技中介机构多为政府主办或是相关行政部门的下属机构，这些机构本身并不是以独立经济主体身份参与经济活动的。因此，我国关于科技中介机构的法律主体地位的立法严重滞后，至今没有一部法律对此进行明确界定。科技中介机构的法律主体地位的缺失，又使得其在业务开展过程中，与服务对象之间的权利与义务界定不清。同时，科技中介行业的从业人员从业过程的法律责任也没有进行明确，在从业人员归责原则问题上，存在按行为机构主体归责和按专家民事责任归责的困扰。独立的法律地位是科技中介机构开展服务的前提，法律地位缺失、权责不明，使得投资主体的权利得不到法律的保障，从而不利于社会资本投资科技中介服务，制约了科技中介服务的发展。

其次，保障科技中介机构运营的法律法规功能不全。科技中介机构业务类型众多，相关法律功能缺失不利于业务的开展。例如，由于技术商品和知识产权的特殊性，现有的合同法和拍卖法很难满足技术商品和知识产权的交易要求，造成了科技成果转移的困难。再如我国的反不正当竞争法列举了11种不正当竞争行为，并对其适用性进行了明确，这种列举法使得对不正当竞争行为的界定不够灵活。科技中介服务市场上的不正当竞争主要表现为中介机构在获取信息的不公平上，显然，现有反不正当竞争法没有将这种不正当竞争行为涵盖在内，从而不能对这些行为进行有效规制，不利于科技中介行业健康竞争、有序发展。

3. 政府对科技中介的扶持政策有待完善

我国各级政府认识到对科技中介机构进行扶持的必要性。主要理由有科技中介服务具有较强的外部性，科技中介服务业属知识密集型服务业，科技中介服务业在我国还属于起步阶段等。中央政府、各相关部委和地方政府都出台了一些关于加快和促进科技中介发展的通知和意见，从税收、财政、融资等方面对科技中介机构加以扶持，但这些扶持政策有待完善和规范。

一是一些政策操作性不强。一些相关法律法规中规定了对科技中介活动提供税收优惠，如促进科技成果转让法中规定国家对科技成果转化活动实行税收优惠政策，中小企业促进法中规定要对为中小企业提供科技服务的科技中介机构提供税收优惠政策，但是这些政策都没有说明如何提供优惠，没有明确提供政策支持的主体，使得这些支持政策的可操作性低，实际中基本没有落实执行。

二是扶持政策缺乏科学性。政府，尤其是地方政府在实施对科技中介机构的扶持时，往往首先考虑的不是能否促进科技中介行业的发展，而是首先考虑政绩。对能够在短期内获得显著业绩的，往往进行大力支持，甚至以运动式的方式进行推进。一方面导致扶持资金的低效率使用，另一方面导致科技中介机构的不平衡发展，科技中介服务供给与需求出现结构性失衡。

三是政策存在偏向性。当前政府设立的一些科技中介专项发展资金主要是针对官方举办的机构，如工程服务中心、生产力促进中心和创业服务中心等，民营机构则很难获得相应资金的支持。政府和科技部门在进行一些公共服务、进行政府采购时，并没有通过招投标环节就直接将其委托给关系密切的官办中介机构；或是虽经过招投标，但对投标机构设定一些偏向性的条件，将一些民营中介机构排除在外。

4. 政府对科技中介机构的监管错位和缺位

为保证科技中介机构服务的质量，政府有必要对科技中介机构实施监管。但监管不等于干涉其业务开展，我国各级政府直接干涉科技中介业务是典型的监管错位。国际上对科技中介机构监管的主要方式是进入管制，即对科技中介机构从事科技中介服务的资质进行认证，对从业人员进行相关的职业资格考核。虽然早在1996年，国家科委和国有资产管理局就出台了关于《从事集体科技企业产权界定业务的中介机构资格认定的暂行规定》，但是此后关于科技中介机构的资质认定制度一直没有有效实施，对从业人员的职业资格考核工作也没有开展。资质认定制度的缺失，使得科技中介服务的进入门槛很低，大量不具备专业服务能力的机构和人员进入科技中介领域，导致市场低层次的无序竞争。

二、私人部门层面

私人部门在科技中介服务供给过程中的作用主要体现在两个方面：一是

按照市场价格机制提供具有私人物品性质的科技中介服务；二是作为受托方接受政府的委托供给具有公共产品性质的科技中介服务。由于我国政府部门通常将相关业务委托给半官方性质的公办机构，所以事实上私人部门的业务主要集中在第一方面，即依据价格机制为服务对象提供服务，获取回报，实现利润最大化目标。当前我国私人部门在提供科技中介服务过程中主要存在以下问题。

1. 机构规模小、服务能力弱

科技中介行业在我国属于新兴行业，而且早期对私人机构参与科技中介的供给认识不足，政策发展的重点在公办性质的科技中介机构。因此，私人机构和民间资本进入科技中介服务行业起步较晚，同时又受到公立机构的挤压，业务面比较狭窄。科技中介服务要求从业人员具备较高的科学素养和服务能力，由于我国科技体制的原因，大量的科技人员留在高校和科研院所等体制内单位，人员流动性较差，所以私人科技中介服务机构难以获得高素质的专业人才。以上原因限制了我国私人科技中介机构的发展，多数私人机构规模小、服务能力不足，只能提供一些低层次的科技中介服务。一些机构往往只是充当企业"跑腿"的角色，如税务代理、政府扶持资金的申报等，不能为企业提供更多有价值的服务，甚少有私人机构具备承接跨学科、综合性大型项目的实力。

2. 服务诚信不足

私人科技中介机构虽然实力不强，但是数量众多，使得私人科技中介机构面临激烈的市场竞争和较大生存压力。再加上对其行为监管的缺失，私人中介机构的不诚信行为时有发生。例如，一些机构打着提供科技中介服务的幌子，联合企业钻国家政策的空子，骗取国家优惠政策，谋取不正当利益。或是提供虚假信息，夸大科技成果的效用，低估成果转化风险，损害企业利益。有些则夸大自己的服务能力，在承接业务时不管自己有没有实力完成，一概承揽下来再说，等到不能完成时就敷衍了事。服务诚信不足是导致社会对科技中介接受程度低的重要原因之一，使得一些企业有服务需求也不想找或不敢找中介。

三、非营利性组织层面

我国参与科技中介供给的主要非营利性组织可以分为两类：一类是由原来

政府所属的科技服务部门改制而来，具有半官方性质，如现在多数生产力促进中心就属这一类；另一类是由对某些特定科技中介服务有需求的相关利益主体基于自愿互助的原则而成立的，如一些行业协会、商会等。非营利性科技中介作为政府和市场之外的第三部门，一定程度上克服了市场失灵和政府失灵，在供给科技中介服务时具有自己独特的优势。随着我国科技体制改革的不断深入，更多的政府举办的科技服务机构将转为独立运营的非营利性组织。可以预见，未来非营利性科技中介机构在整个科技中介服务体系中将发挥越来越重要的作用。

非营利组织作为科技中介服务的供给主体之一，能否为社会提供高效的科技中介服务，主要取决于它们能否充分发挥非营利组织自身的特点，严格遵照组织宗旨提供服务。我国一些非营利中介机构存在非营利性、独立性、公益性特征弱化的情况，使得其在科技中介供给方面的优势受到侵蚀。

1. 非营利性科技中介机构的独立性受到干扰

这一点在通过政府下属机构改制而成立的非营利性科技中介机构中表现尤为明显。由于改革得不彻底，这些机构与原来的政府职能部门还保持着较为密切的利益关系。一方面，政府部门往往对其人事任免和重大决策拥有最后的决定权，组织自身这些权利的丧失，就不可能真正具有独立性。同时，这类机构为了在业务开展、优惠政策上获得政府更多的支持，本身对于独立性的诉求就不强，乐于接受政府的干预与指导，按"长官意志"行事。因此，这些机构的政府附属物的角色并没有得到根本的转变，需要通过进一步的体制改革增强其独立性。

一些民间组织发起成立的非营利性科技中介受政府干预较少，独立性相对较强。其独立性受到干扰可能来自两种情况，一是政府对其进行资金资助时，附加了一些干预性的条件。二是组织中一些优势地位成员的行为会干扰其独立性。如多数行业协会的会长往往由行业内的领导企业的管理者担任，这些会长在行会中具有优势地位；一些依托企业建立起来的生产力促进中心，所依托企业就具有优势地位。这些具有优势地位成员的利益诉求多数是与组织一致的，但有时会发生冲突，此时，这些优势地位成员就会利用自己的优势地位干预组织的行为，从而导致非营利性科技中介机构的独立性受到干扰。

2. 非营利性科技中介机构的非营利性宗旨发生偏离

非营利性组织区别于一般企业的最显著特点在于其不以营利为目的。但是，非营利性并不意味着一定是免费提供公共服务，非营利性组织也可以通过提供服务获取收入，但只能严格用于组织的再发展和服务能力的提升，而不能用于成员的福利改善或是进入私人口袋。非营利性组织在公共产品供给过程中偏离社会公益宗旨，片面追求私利的行为被称作非营利性组织失灵或非营利性组织失败。

我国一些非营利性中介机构在运行过程中往往偏离了最初设定的非营利性宗旨。例如，民办非企业性质的科技中介机构是非营利性科技中介机构的一种主要形式，但部分机构只是打着非营利性机构的幌子来获取国家的优惠政策和资金支持。一些公立性质的非营利性科技中介机构的领导者利用组织资源，私底下开展业务，将所得收入中饱私囊。

造成我国非营利性中介机构偏离非营利宗旨的原因众多。有经济的原因，如一些机构因为组织经费短缺，迫于运营压力而为之。有社会的原因，如有机构是因为机构的管理者或相关人员道德丧失而导致宗旨的偏离。有制度方面的原因，一些非营利性科技中介机构的产权界定不清，使得有些人将公益性资产当成私人财产，任意支配和使用，成为获取个人私利的工具。还有管理方面的原因，主要是对非营利性科技中介机构缺乏科学的考评和监控。

3. 一些非营利性科技中介机构存在资金不足问题

非营利性科技中介机构的资金主要来源于政府的资助、企业捐赠和服务收费。对于一些具备官方背景的非营利性科技中介机构而言，由于其依托政府相关部门，往往能够获取政府的资金资助，因而其活动经费往往有着比较稳定的来源。民间自发组织的非营利性科技中介机构在资金保障方面存在较大差异。政府对这些机构的资助往往较少，其资金主要来源于企业或个人捐赠。一些机构提供的公益性科技中介服务与某些著名的企业相关，则往往与这些企业形成密切的关系，能够从相关企业获得比较充足的捐赠资金。而一些服务于中小企业的科技中介机构，一方面，由于机构自身实力不强，缺乏"自我造血"功能；另一方面，由于服务对象规模较小、实力不强，无力为中介机构提供资金捐赠，因此，这类机构的经费来源往往比较少，甚至只能依靠收取会费维持生存。还有就是一般在经济形势较好、景气度高的时候资金来源相对充足，而经济形势差的时候往往会出现经费紧张的情况。

第三节 案例：江西生产力促进中心发展的系统基模分析

创新对于企业竞争力的增强和发展具有重要意义。然而，创新是一个系统工程，往往需要大量的人力、物力、财力的投入。对于广大的中小企业来说，由于自身资源的限制，在创新过程中往往面临诸多障碍。因此，为中小企业创新提供支持与服务成为区域创新政策的重要目标之一。2008年以来，江西省在全省范围内推动科技入园工程，其主要内容就是依托分布在全省各地的生产力促进中心为中小企业创新提供信息、技术、人才、培训、咨询等各类服务，协助其建立技术创新机制，增强技术创新能力和市场竞争力。随着科技入园工程的开展，江西省生产力促进中心在数量、规模和服务能力上都有较大的发展，但同时也存在诸多问题，制约了其为中小企业提供科技服务能力的提升。通过对江西省多个生产力促进中心进行实地调研，在两届（2012届，萍乡；2013届，吉安）全省科技入园工作经验交流会上对各生产力促进中心参会代表进行访谈，以及对历年科技入园工作交流会汇编材料的整理，试图发现江西省生产力促进中心在组织业务开展、服务供给方面存在的问题。利用系统动力学的基模分析技术对这些问题进行系统思考，构建系统动力学基模刻画问题形成原因及其影响的系统反馈过程。按照杠杆解的思路，提出针对性的对策建议，为促进生产力促进中心健康发展和科技服务能力提升提供理论依据。

一、江西省生产力促进中心发展现状

经过20多年的发展，生产力促进中心已经成长为国家科技创新服务体系中的一支骨干力量，是目前国内行业规模最大的科技中介服务机构，在推进中小企业创新发展、促进科技与经济结合、提升社会生产力水平等方面做出了重要贡献。虽然早在1994年，江西省就建立了第一家生产力促进中心。但长期以来，由于区域经济发展相对滞后及政策层面的推动力不足，发展速度一直相对较慢。2008年，金融危机为江西省生产力促进中心的发展带来一次新的机遇。面对金融危机给各地企业尤其是中小企业发展带来的不利情况，科技部等七部委于2009年联合发布《关于动员广大科技人员服务企业的意见》，加快推进科技人员深入基层服务企业。当年，江西省在全省范围内推行科技入园工程，主要内容就是加快生产力促进中心机构建设，依托生产力促进中心为企业

创新提供信息、咨询、技术、培训、金融等全方位服务。从这年开始，江西生产力促进中心进入快速发展时期。

2001年，江西生产力促进中心机构数为10家，之后的8年一直保持比较平稳的增长，到2008年发展为34家。2009年科技入园开展之后，当年机构数量快速增长到112家。之后又保持平稳增长，2010年为116家，2011年为124家，2012年为132家。机构数量增长情况见图6-1。

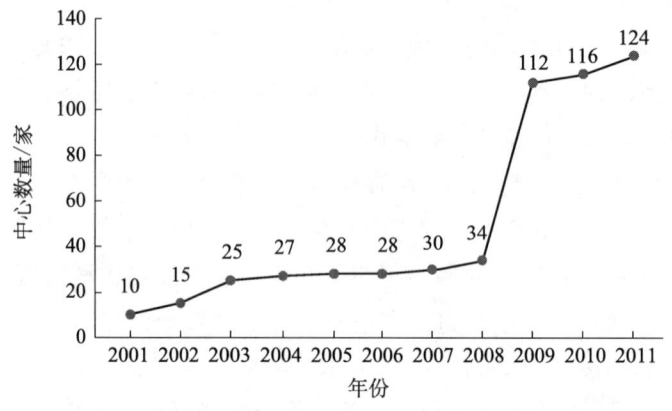

图6-1　2001～2011年江西生产力促进中心机构数量

在职员工是生产力促进中心能力建设的重要内容，总体来看，随着机构数量的增长，在职员工数量也在不断增长。但员工数量的增长和机构数量的增长并不是同步的。2009年之前，在岗员工数量的增长总体快于机构数量的增长，2001～2008年机构数量增长了2.4倍，员工数量增长了4.2倍。但2009年，机构数量增长为前一年的3倍，但员工数量只增长了两倍。在岗员工数量增长情况见图6-2。从机构人均在职员工数量来看，2012年中心人均在岗职工14人，和全国的情况基本相同。在2009年之前，中心平均在岗职工为20人，但2009年之后，下降到14人。

在加强机构建设和人才建设的同时，江西省生产力促进中心积极拓展业务内容，在决策咨询、信息服务、技术推广、技术支持、人才培训、企业诊断等领域为省内各类企业提供科技力量支撑。2011年共为19 803家企业提供科技创新服务，提供咨询服务11 669次、提供各类信息422 573条、技术推广2873项、技术开发1735项、培训172 341人次、为企业引进各类人才2500人、联系专家13 293人、联系科研机构1579个、培育科技型企业1479家。随着生产力促进中心规模的壮大和业务的拓展，全省生产力促进中心服务收入也在逐年增加，由 2001 年的 149.6 万元增加到 2011 年的 6595.9 万元。具体情况见表 6-2。

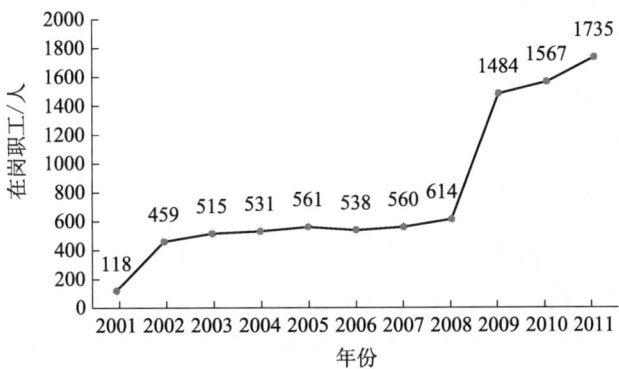

图 6-2　2001～2011 年江西生产力促进中心在岗职工数量

表 6-2　2001～2011 年江西生产力促进中心服务情况

年份	服务企业/家	咨询服务/次	提供信息/条	技术推广/项	技术开发/项	产品检测/项	培训/人次	引进人才/人	培育科技企业/家	联系科研机构/个	联系专家/人次
2001	165	153	11 801	4	5	—	1 720	—	1	94	146
2002	498	480	12 990	34	10	178	4 921	19	9	203	321
2003	723	291	33 686	144	38	46	4 701	96	79	189	1 016
2004	661	393	113 703	71	24	131	8 794	95	84	166	367
2005	883	4 288	115 793	86	30	64	18 730	221	73	192	441
2006	1 319	11 861	166 863	95	46	826	19 965	259	77	222	514
2007	1 745	11 760	169 879	127	51	1 348	22 629	353	86	429	825
2008	2 053	11 132	195 418	229	129	2 144	23 386	408	200	276	812
2009	15 624	11 187	299 626	975	357	5 563	73 961	1 451	660	1 429	7 278
2010	17 225	10 575	288 069	2 612	2 700	5 938	187 744	2 677	1 424	1 752	7 908
2011	19 803	11 669	422 573	2 873	1 735	7 155	172 341	2 500	1 479	1 579	13 293

虽然江西省生产力促进中心取得了较快的发展，但总体来看，仍然存在一些问题。通过实地调研、交流会上对与会代表的访谈、对历年科技入园工作交流会资料汇编的整理，发现存在的主要问题有以下几点：一是规模快速扩张的同时，资源利用效率有待提高；二是各生产力促进中心发展水平和服务能力差距较大，并且存在马太效应，差距有不断扩大的趋势；三是有些生产力促进中心科技服务业务类型单一，新业务开展不力；四是事业单位人事编制限制了生

产力促进中心的发展;五是经费投入不足,自身发展能力不强;六是全省生产力促进中心资源共享程度不高、组织网络化局面尚未形成。在完成生产力促进中心机构布局和数量的快速扩张之后,这些是接下来要着力解决的问题。对这些问题进行系统思考并找出解决对策,对于江西省生产力促进中心事业由机构数量扩张向服务质量提升有重要意义。

二、系统基模分析方法

系统动力学由麻省理工学院教授福瑞斯特于1956年创立,是分析研究复杂信息反馈系统的有效理论和方法。其中,系统基模是系统动力学的基本工具。系统基模本质是刻画构成系统各变量间因果反馈关系的图,可表示为$D(t)=[V(t), X(t), F(t)]$。其中$V(t)$为构成系统的各个要素变量,为图的各个顶点。$X(t)$为要素变量$V_i(t)$对要素$V_j(t)$的直接影响,为图的各条弧。$F(t)$为弧到极性$\{+, -\}$上的映射,规定了变量$V_i(t)$对$V_j(t)$的影响方向,$V_i(t)\xrightarrow{+}V_j(t)$为正因果关系,即$dV_j(t)/dV_i(t)>0$;$V_i(t)\xrightarrow{-}V_j(t)$为负因果关系,即$dV_j(t)/dV_i(t)<0$。$n$个不同要素变量的闭合因果链序列形成反馈环:$V_1(t)\xrightarrow{+(-)}V_2(t)\xrightarrow{+(-)}\cdots V_{n-1}(t)\xrightarrow{+(-)}V_n(t)\xrightarrow{+(-)}V_1(t)$若反馈环中包含偶数个负因果链,则为正反馈环,若包含奇数个负因果链,则为负反馈环。非闭合因果链序列形成开环环:$V_1(t)\xrightarrow{+(-)}V_2(t)\xrightarrow{+(-)}\cdots V_{n-1}(t)\xrightarrow{+(-)}V_n$。由正负反馈环构成的能够刻画系统动态关系的有向连通图即为系统基模。

通过构建动态性复杂系统基模,人们能够观察结构中变量的正、负反馈和延迟互动关系,看清系统整体结构和环境的变化,从而有利于对问题的整体认识和解决对策的提出(贾仁安和丁荣华,2002)。管理大师Senge(1990)在其著作 *The fifth discipline: the Art & Practice of the learning organization* 中分析了美国企业在发展过程中经常遇到的一些问题。圣吉通过对问题的深入系统思考,找出各个变量之间的因果反馈关系,构建了反映这些因果反馈关系的九个系统基模,分别是"反应迟缓基模""成长上限基模""舍本逐末基模""目标侵蚀基模""恶性竞争基模""富者愈富基模""共同悲剧基模""饮鸩止渴基模"和"成长与投资不足基模"。这些基模很好地建立起问题的症状与病因之间的联系,基于这种联系,可以找到解决问题的杠杆解。由于圣吉博士的杰出工作,系统基模的分析方法成为管理学界的一种重要分析工具,不仅适用于企业,还在更加广泛的经济社会领域得到了有效的应用。

三、基于系统基模的江西生产力促进中心发展问题分析

1. 生产力促进中心发展的富者愈富基模

1）生产力促进中心不均衡发展问题描述

江西省生产力促进中心发展存在明显的不均衡特征。这种不均衡主要表现为两点。一是表现在不同性质的生产力促进中心上，由于政府政策性资金投入的偏向性，一些官方半官方性质的生产力促进中心由于能够获得较多的政府资金扶持，所以实力较强，而一些私人性质的生产力促进机构较少能获得政府支持，实力普遍较弱。二是表现在不同行政级别上，省市级成立时间早的中心规模较大，实力较强，获得的政府资金也越多；县区级成立时间晚的中心规模小，实力弱，获取的政府资金也较少。

从业务开展和服务收入来看，当前，省内少数大的中心在岗职工超过100人，服务总收入达到千万级别。而同时也有不少小的中心，在岗职工普遍在10人以下，业务开展困难，甚至有些只是挂牌而没有开展实质性的业务。从政府投入资金来看，2011年全省124家中心中有11家中心获得政府投入超过100万元，最高的为950万元。其中12家省级中心就有5家获得超过100万元的政府投入。而同时有66家中心获得的政府投入低于5万元，其中32家未获得政府投入。

自我发展经费和政府支出不足是当前一些实力较弱的中心面临的主要困难。例如，泰和县生产力促进中心2011年工作总结指出："由于我县的科技入园工作起步较晚，生产力促进中心一直面临着资金短缺、机构不健全、没有专门的办公场所及缺乏专业技术人才等诸多困难，难以满足企业日新月异的发展需要。同时与外地市中心比，财政没有专项拨款工作经费，经费投入相差甚远，工作难以开展。"余江县生产力促进中心2011年度工作总结中写道："中心人手少、经验不足，有些业务不够熟练，有些工作开展得不够深入。……政府投入少，从2006年12月组建到现在已有5年多时间，只有市科技局2009年12月和2011年3月两次以科技入园平台建设项目共解决了5万元。经费严重短缺，导致必需的软硬设备无法购置，影响了工作的展开；由于中心工作起步较晚，年创收少，故缩减了人员编制，一人身兼数职，一人当多人用，应该聘用的人员因经费少而无法聘用，影响了业务的开展。"

从近年来的发展趋势来看，一些大的中心业务增长较快，获得的政府支持

性资金也较多,其优势地位愈加明显,即生产力促进中心这种不均衡发展现象有不断强化趋势,存在马太效应。这种状况不利于起步晚、规模小的中心进一步发展,对所在单位职工工作积极性也有较大的不利影响。

2)生产力促进中心不均衡发展问题系统基模分析

通过构建江西省生产力促进中心发展的富者愈富基模(图6-3),可以发现这种状况形成的内在过程。作为非营利性的科技中介服务机构,生产力促进中心的建设资金来源分为政府投入(科技部及其他部委拨款,省、市、县级政府拨款)和自有基金,其中政府投入占主导。政府资源投入往往是根据生产力促进中心规模和服务业绩进行的,以往规模较大、知名度较高和业绩较好的中心往往获得更多的资源。中心可用于自我发展的资金主要取决于中心的服务收入。由于规模较大的生产力促进中心知名度也较高,企业在寻求科技服务时往往找这些大的中心,所以资源进一步向优势中心集聚,从而造成生产力促进中心发展的两极分化、富者愈富的状况。

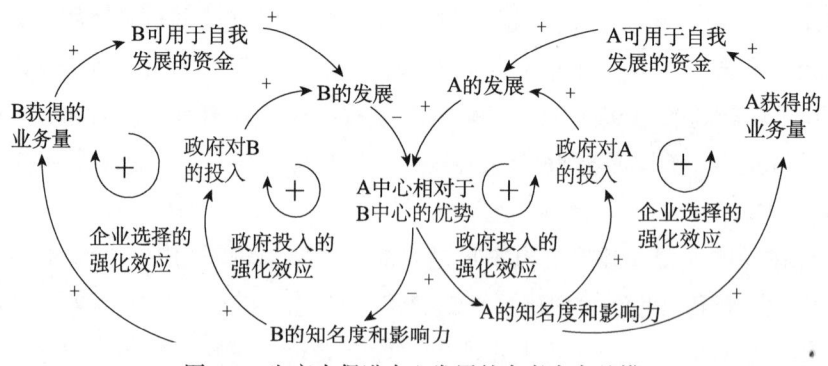

图6-3 生产力促进中心发展的富者愈富基模

在富者愈富系统基模中,存在四个正反馈环,使得A中心(规模大、能力强的中心)对B中心(规模小、能力弱的中心)的优势在不断强化。

其中两个反馈环刻画了政府资源选择性投入的强化效果。这两个正反馈环的因果结构如下。

(1)政府投入的强化效应1:A中心相对于B中心的优势 —+→ A的知名度和影响力 —+→ 政府对A的投入 —+→ A的发展 —+→ A中心相对于B中心的优势。

(2)政府投入的强化效应2:A中心相对于B中心的优势 —−→ B的知名度和影响力 —+→ 政府对B的投入 —+→ B的发展 —−→ A中心相对于B中心的优势。

另两个反馈环刻画了客户在寻求服务时选择性行为的强化效果。

（1）客户选择强化效应 1：A 中心相对于 B 中心的优势 —+→ A 的知名度和影响力 —+→ A 获得的业务量 —+→ A 可用于自我发展的资金 —+→ A 的发展 —+→ A 中心相对于 B 中心的优势。

（2）客户选择强化效应 2：A 中心相对于 B 中心的优势 —−→ B 的知名度和影响力 —+→ B 获得的业务量 —+→ B 可用于自我发展的资金 —+→ B 的发展 —−→ A 中心相对于 B 中心的优势。

3）生产力促进中心不均衡发展问题的解决思路

事物的不均衡发展是绝对的，而且适度的不均衡有利于发挥先进者的示范效应，先进者可以带动后进者。但是，当这种不均衡超过一定界限时，就不是带动而是会进一步抑制后进者的发展，政府就应该重新协调。对于生产力促进中心发展不均衡的现象，政府解决的思路不是抑制优势中心的进一步发展，而应该促进发展滞后的中心快速发展。可以采用的对策主要有以下三点。一是调整科技资源投入机制，将更多的资源向较小较弱的中心倾斜。考虑到经济发展落后的区域，其所在地的生产力促进中心的发展往往也是滞后的，因此，这种资金投入机制的倾斜可以和区域发展政策倾斜结合起来。二是采用帮扶对策。例如，由科技厅定期组织专家对发展落后的中心建设进行指导；鼓励优势中心与发展落后中心的合作，实现资源共享。三是鼓励社会资本进入生产力促进中心的建设。生产力促进中心的事业单位性质使得其在资金投入和人员编制上受到很大的限制，尤其是县区一级的中心，由于受人员编制的限制较大，往往很难配备较多的人员，很难做大做强。可以考虑引进社会力量，将一些发展困难的中心企业化，由社会资本来运营。

2. 生产力促进中心业务拓展的能力固化基模

1）生产力促进中心业务开展的能力固化问题描述

生产力促进中心作为综合性科技创新服务机构，应当为区域中小企业创新提供全方位的支持。但现实情况却是，不少中心尤其是规模较小的中心，其业务面非常狭窄，较多停留在信息、咨询服务层面，新业务开展乏力。例如，上饶市 2011 年度科技入园工作总结中提到"（生产力促进中心）服务的深度和进度都有待于进一步增强。目前对园区企业的工作，基本上停留在提供信息服务、申报项目、上传下达上，对企业科技需求等信息的收集整理还不够，工作重点不突出，针对性不强"。

同时，作为动态演化的区域创新系统的一部分，区域产业演化也要求生产力促进中心开拓适应新产业要求的业务。比如当新余市光伏产业在短短几年时间内成长为该市的主导产业时，原来一直为钢铁产业服务的生产力促进中心就必须面临业务领域的转变。一些中心尤其是行业性中心往往不能适应区域产业演化升级的需要，发展出新的科技服务能力。例如，某省级生产力促进中心 2011 年度工作总结中指出："目前我中心的服务对象主要还是集中在省内特定行业，服务的行业比较少，服务面较窄。今后应积极拓展服务范围，面向省外，面向更多的行业。"

此处将生产力促进中心新业务开展不力的现象称为能力固化。

2）生产力促进中心能力固化问题系统基模分析

通过对生产力促进中心业务开展系统性分析，可以构建能力固化基模加以解释。生产力促进中心业务开展的能力固化基模见图 6-4。

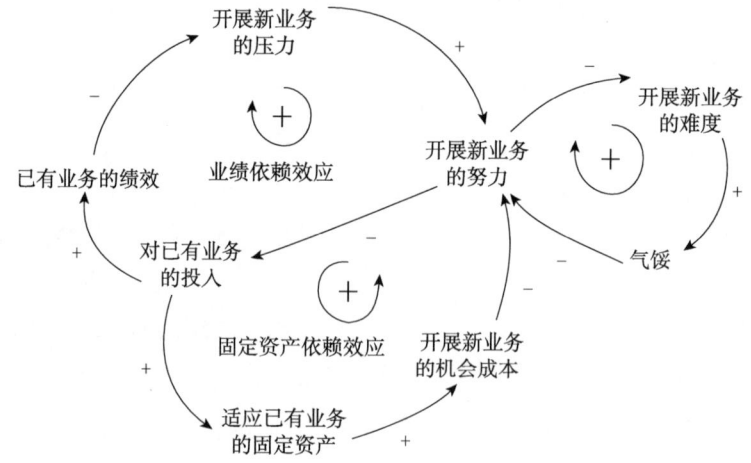

图 6-4　生产力促进中心业务开展的能力固化模型

生产力促进中心业务开展的能力固化基模包括三个正反馈环。左边两个反馈环表明已有业务会通过两种效应抑制新业务的开展。其中一条反馈环反映的是已有业务的业绩会减轻新业务开展的压力，从而抑制新业务开展的努力，可以称之为业绩依赖效应。

业绩依赖效应反馈环：已有业务的绩效 ——→ 开展新业务的压力 —+→ 开展新业务的努力 ——→ 对已有业务的投入 —+→ 已有业务的绩效。

另一条反馈环反映的是已有业务的开展，会形成大量的固定资产，如设备、人力资本的投资等。大量的固定资产使得开展新业务的机会成本增加，从而抑制新业务开展的努力,可以称之为固定资产效应。

固定资产依赖效应反馈环:已有业务的绩效 ──→ 开展新业务的压力 ─⁺→ 开展新业务的努力 ──→ 对已有业务的投入 ─⁺→ 适应已有业务的固定资产 ─⁺→ 开展新业务的机会成本 ──→ 开展新业务的努力。

图 6-4 中右边一个反馈环表明开展新业务的努力会形成良性循环,通过加大对新业务的投入和开发,会降低业务开展的难度。

良性循环:开展新业务的努力 ──→ 开展新业务的难度 ─⁺→ 气馁 ──→ 开展新业务的努力。

3)生产力促进中心能力固化问题的解决思路

生产力促进中心能力固化阻碍了其进一步发展。为防止能力固化,可以采用以下对策。一是对"开展新业务的压力"进行干预。在对中心的业绩考核中加入业务范围、新业务拓展之类的指标,以此增加中心拓展新业务的压力。二是注意资产的专用性。如在员工招聘的时候注意专才与通才的合理搭配,在固定资产购置的时候注意其适用范围。三是对中心在开展新业务时提供指导帮助,降低其开展新业务的难度。

3. 生产力促进中心机构建设与能力建设的目标侵蚀基模

1)生产力促进中心建设过程中的重机构轻能力问题描述

为响应七部委《关于动员广大科技人员服务企业的意见》,2009 年开展科技入园工程推进生产力促进中心机构建设,为科技服务企业找到了着力点。近年来,江西省生产力促进中心机构数量增长迅速,为区域科技服务体系建设打下了较好的物质基础。但是,在大力推进机构建设的过程中,对机构科技服务能力建设和效率提升存在一定程度的忽视。如在调研中,不少县区级中心反映,生产力中心与原科委信息情报中心是原班人马,两块牌子,还是同样的人,还做同样的事,只是多了块牌子而已。其实,这种重机构轻能力的现象在全国生产力促进中心发展过程中也是普遍存在的。如国务院参事、中国生产力促进中心协会理事长石定寰 2012 年在生产力促进中心二十周年座谈会上指出,未来生产力促进中心要实现从数量向质量的转变,即提高服务能力和质量。毛明轩(2009)也认为现有生产力体系在促进生产力转化方面,已有雄厚的基础,要充分利用现有生产力中心的资源。

2)生产力促进中心机构建设与能力建设的目标侵蚀基模分析

中小企业对创新服务的需求和区域科技服务能力的不足使得地方政府尤其是科技部门感觉到压力,作为具有自身利益诉求的地方政府部门,必须拿出政绩缓解压力。要提升科技服务能力以缓解压力，可以采用的对策思路有两种：一是通过机构建设做大规模；二是通过能力建设以提升效率。机构建设属硬件建设，具有速度快、易感知的特点。而能力建设则属于软件建设，具有速度慢、不易感知的特点。由于机构建设能够较快缓解地方政府压力，地方政府往往愿意采用通过机构建设的方式，从而造成重规模而轻效率的局面。虽然机构建设也是提升区域科技服务能力的必要条件，但过度关注机构建设会侵蚀效率提升的努力，不利于区域科技服务能力的提升。生产力促进中心机构建设与能力建设目标侵蚀基模刻画这种因果反馈关系，见图6-5。

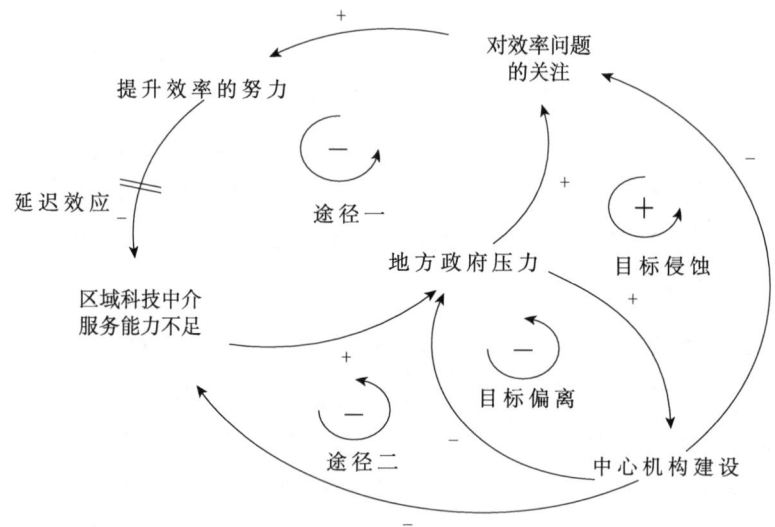

图6-5 生产力促进中心机构建设与能力建设目标侵蚀基模

机构建设与能力建设目标侵蚀基模包括三个负反馈环和一个正反馈环。三个负反馈环中的两个分别表明机构建设和效率提升对区域科技服务能力不足和政府压力具有缓解作用，因此可以认为机构建设和效率提升是缓解科技中介服务能力不足的两个途径。其中因果反馈结构分别如下。

途径一：区域科技服务能力不足 —+→ 地方政府压力 —+→ 对效率问题的关注 —+→ 提升效率的努力 —−→（延迟）区域科技服务能力不足。

途径二：区域科技服务能力不足 —+→ 地方政府压力 —+→ 中心机构建设 —−→ 区域科技服务能力不足。

另一个负反馈环表明机构建设能够直接缓解政府压力。中心机构建设较之效率提升来说，具有周期短、见效快、政绩显著等特点，容易导致地方政府将主要精力用于机构建设以较快缓解政府压力，从而偏离了提升区域科技中介服务能力的最终目标。因此这条反馈环可称为目标偏离反馈环。

目标偏离反馈环：地方政府压力 ——+→ 中心机构建设 ——→ 地方政府压力。

基模中的正反馈环刻画了地方政府相关部门过度关注中心机构建设，从而忽视效率提升的重要性，进而侵蚀了区域科技中介服务能力提升这个最终目标。表明地方政府将注意力集中在中心机构建设上，会降低对能力和效率的关注和努力，从而不利于区域科技服务能力的提升。因此，该反馈环可称为目标侵蚀反馈环。

目标侵蚀反馈环：区域科技服务能力不足 ——+→ 地方政府压力 ——+→ 中心机构建设 ——→ 对效率的关注 ——+→ 提升效率的努力 ——→ 区域科技服务能力不足。

3）生产力促进中心机构建设与能力建设协调发展的思路

经过前期工作，江西省现有生产力促进中心 136 家，基本上覆盖所有县区。在完成机构建设布局之后，现阶段应将工作重心转移到能力建设和效率提升上来。一是要求地方政府相关部门树立良好的政绩观，改变只关注面子工程的做法。二是加强科学管理，通过内部绩效管理、服务流程再造、品牌建设等手段，提高生产力促进中心科技服务能力。二是通过资源整合，形成服务联盟体系。从总量上来看，江西生产力促进中心规模已经较大，但由于分散在全省范围内，平均下来每家的规模和实力就明显不足。这就要求各生产力促进中心加强交流合作，实现资源的整合共享。

4. 生产力促进中心成长上限基模

1）人才是生产力促进中心发展的瓶颈

科技创新服务是一项综合性非常强的工作。要求服务机构和服务人员具备较高的专业技术知识水平，对相关法律法规、政策措施有较好的掌握，同时要求相关人员具备良好的服务意识和积极的工作态度。在 2009 年之前，江西全省生产力促进中心平均在岗职工为 20 人，但 2009 年之后，平均在岗职工下降到只有 14 人。调研中发现，大多数中心在岗职工只有十几人甚至几人，而且这些职工不少还在所属科技局有专门工作，存在身兼数职的情况，工作事务繁重。同时，因为属事业单位编制，中心人员收入与其工作业绩关系不大，存在平均主义的现象，员工工作积极性不高。

萍乡市烟花爆竹行业生产力促进中心是省内实力较强的中心，其对 2011 年工作总结道："中心是一个事业单位，但拨款严重不足，只有通过技术服务来进行弥补,但在分配上又不能区别对待,一些有技术特长的技术人员认为贡献与报酬不对等,请假外出打拼。由于是事业单位,招聘人才受到编制限制不能调入,而从内部培养又受个人基础条件的制约难以提升。"乐平市生产力促进中心遇到的问题在县区级中心中具有一定的代表性。其将主要问题总结为三点:"①人员严重缺乏,因处在机构改革的敏感时期,人事调动已冻结,导致中心人员不足的情况难攻关。②工作经费不足,县财政拨付本中心的仅1人的工作经费,工作几乎为零。③由于前两个问题的制约,规范化、制度化开展工作有待加强。"

总体来看,人才问题是历年科技入园工作交流会上各单位反映最多的问题,是生产力促进中心进一步发展面临的重要瓶颈。

2)生产力促进中心发展的成长上限基模分析

生产力促进中心发展的成长上限基模见图6-6。随着区域经济的发展对科技创新服务需求的增加,近年来江西生产力促进中心业务增长较快,业务量的增长带来中心服务收入的增长和中心知名度的提高,进一步促进了中心的发展和业务量的提升。因此,图6-6左边两个反馈环形成组织增长的增强回路和良性循环。其因果反馈结构如下。

良性循环1:业务量 $\xrightarrow{+}$ 服务收入 $\xrightarrow{+}$ 自我发展资金 $\xrightarrow{+}$ 业务量。

良性循环2:业务量 $\xrightarrow{+}$ 中心知名度 $\xrightarrow{+}$ 业务量。

业务量的增长要求员工数量的增长,但受事业单位人事编制规划的限制,人事部门很难为生产力促进中心配置与业务发展所需的编制,从而形成了人才缺口,导致服务质量下降,抑制了业务量的增长。在员工数量增长困难的情况下,业务量的增长意味着人均工作量的增加,需要员工工作更加努力。然而,生产力促进中心的事业单位性质决定其内部分配制度的内在缺陷,旱涝保收和平均主义仍然是主要的收入分配方式。这就导致了员工努力与预期回报之间的差距,降低员工工作积极性和服务质量,限制了业务量的增长。

右边的两个反馈环形成两个抑制回路,分别刻画当前生产力促进中心的人事安排和分配制度对其发展的抑制作用。其反馈因果结构如下。

分配机制抑制效应:业务量 $\xrightarrow{+}$ 人均工作量 $\xrightarrow{+}$ 员工努力与预期回报的差距 $\xrightarrow{-}$ 员工努力程度 $\xrightarrow{+}$ 服务质量 $\xrightarrow{+}$ 业务量,其中事业单位分配机制作为辅助变量,调节员工努力与预期回报的差距。

人事编制抑制效应:业务量 $\xrightarrow{+}$ 人才需求量 $\xrightarrow{+}$ 人才缺口 $\xrightarrow{-}$ 服务质量 $\xrightarrow{+}$ 业务量,其中事业单位人事编制规划作为辅助变量,调节人才缺口。

第六章 我国科技中介功能实现的障碍——供给方面 | 155

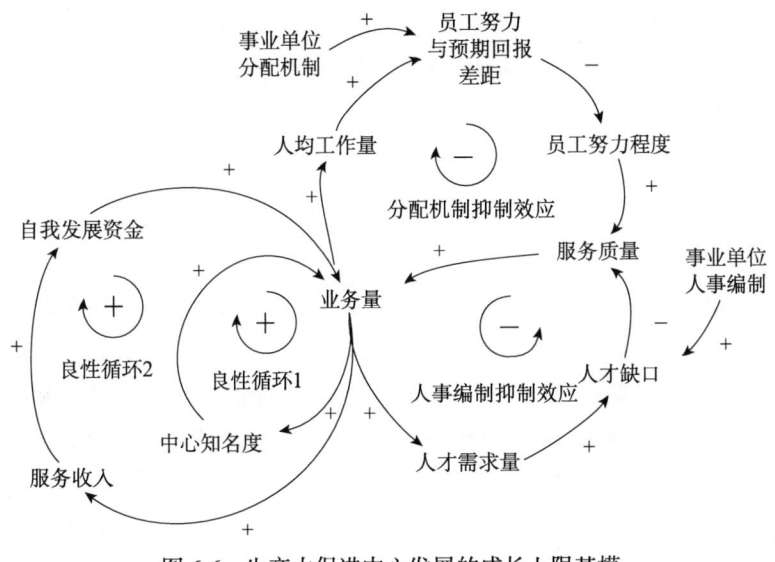

图 6-6 生产力促进中心发展的成长上限基模

3）消除生产力促进中心发展的成长上限的思路

成长上限基模的杠杆解不是限制增强回路，而是消除抑制回路。从生产力促进中心发展的成长上限基模的因果反馈关系分析可以发现，生产力促进中心人才缺口和科技服务人员工作积极性是阻碍其进一步发展的重要因素，而这两者都与生产力促进中心事业单位性质相关。消除成长上限的主要对策是对生产力促进中心进行体制改革，加快推进科技服务机构向运行机制市场化、管理模式企业化的目标转变，以此解决人才缺口和激励不足问题。

第四节 本 章 小 结

高效的供给是科技中介功能实现的另一个前提条件。我国科技中介供给存在一些问题阻碍了其功能实现。

本章首先从理论上分析了科技中介的公共产品属性和供给模式。科技中介服务内容繁多、类型各异，不同的服务内容有不同的产品属性。有些属公共物品，有些属准公共物品，有些则属纯私人物品。科技中介的多样化属性决定了其多元化供给模式，政府、私人部门、非营利性社会组织是科技中介供给的主体。

然后分析了我国不同的主体在供给科技中介服务时存在的问题。从政府层面来看，主要问题有：政府没有处理好科技中介服务供给者和安排者的角色关系，政府没能提供有效激励多方参的法律法规和政策环境，政府对科技中介的扶持政策有待完善，政府对科技中介机构的监管错位和缺位。从私人部门来看，主要存在的问题有：机构规模小、服务能力弱，存在服务诚信不足问题。从非营利性组织来看，主要存在的问题有：非营利性科技中介机构的独立性受到干扰，非营利性科技中介机构的非营利性宗旨发生偏离，一些非营利性科技中介机构存在资金不足问题。

  本章最后通过构建系统基模对江西生产力促进中心发展过程中存在的问题进行了案例分析。其中富者愈富基模刻画了生产力促进中心发展不均衡的现象和原因。能力固化基模考察了生产力促进中心不能适应企业需求的变动，存在能力固化问题。机构建设和能力提升目标侵蚀基模分析了江西省近年来大力推进生产力促进中心机构建设，但对机构能力的关注有待加强的问题。成长上限基模刻画的是生产力促进中心受到体制约束，存在增长瓶颈的现象。

第七章
促进我国科技中介功能提升的路径

基于前文对科技中介功能及我国科技中介功能实现面临的主要障碍分析，本章提出促进我国科技中介功能提升的路径。本书认为可以从能力建设、结构优化、环境改善和需求引导等四个方面提升我国科技中介功能。

第一节 路径一：能力建设

科技中介机构是科技中介服务的主体，科技中介机构自身服务能力是其功能实现的前提。针对我国科技中介机构服务能力偏弱的现实，本书认为科技中介机构应该从以下几个方面努力提升自身服务能力。

一、加强人才队伍建设，提高从业人员业务素质

科技中介服务业是知识密集型服务业，科技中介服务是一项综合性非常强的工作。科技中介服务人员既要具备较高的专业技术能力、管理能力和营销能力，也要对相关法律法规、政策措施有较好的掌握，同时还要具备良好的服务意识和积极的工作态度。面对我国科技中介机构人才力量薄弱、综合素质偏低的现实，加强人才队伍建设是科技中介机构服务能力提升的必由之路。

科技中介机构人才队伍建设，需要从存量和增量上着手。

从存量方面来看，主要有两个方面的工作：一是现有人员的能力提升；二是现有人员的工作积极性调动。为提升现有人员的工作能力，科技中介机构应做好人才培训规划。结合相关人员的知识结构与短板和组织业务要求，设计合适的培训方案。例如，具有工科背景的员工，往往具有较强的专业技术能力，但是在管理能力和服务能力上则会有所欠缺。针对这类员工，应该加强管

理能力方面的培训。培训可以采取多样化的方案。一是通过组织内部的能力提升计划，可以采取传帮带或项目团队的形式，让员工在工作实践中得到能力的提升；二是通过邀请行业、高校和科研院所相关专家对员工进行相关知识的培训；三是通过在职学习计划，鼓励有需要的员工进入高校或科研院所进行在职学习；四是安排员工参加行业交流活动。

为充分调动员工的工作积极性，科技中介机构建立起合理有效的人才激励机制。一是通过分配机制创新，解决科技服务人员激励不足问题，如员工薪酬和职位任免，不能套用政府行政级别。管理者和员工的收益应该根据其对企业所提供的服务质量和产生的效益来确定，而不是像非市场经济下的"大锅饭"体制。可以通过实行股份制，提高管理层的积极性；通过实施岗位工资和绩效工资，激发科技服务人员的工作积极性。二是建立员工职业生涯规划制度，支持员工实现职业生涯规划。在我国科技中介机构社会认可度不高的情况下，员工职业生涯规划明确了员工职业生涯追求的目标和实现目标所必需的能力，对于稳定人才队伍和推进人才能力提升具有显著的作用。在实施员工职业生涯规划制度时，组织应充分尊重员工的职业生涯自我发展规划，结合中介机构和行业发展的实际情况，协助和引导员工对职业生涯进行规划。针对员工个人的知识能力结构，中介机构为其提供实现职业生涯规划的发展机会和通道。三是鼓励员工积极获取各种行业从业资格证书。行业从业资格证书是持有者从事某项活动的能力鉴定凭证。中介机构员工获得行业从业资格证书一方面有利于科技中介机构合法规范地开展相应服务；另一方面对员工职业生涯的发展也有积极意义，因为获取证书的过程就是其能力提升的过程。

在稳定和激活现有人才的同时，科技中介机构应积极吸引优秀的人才进入科技服务业队伍。一是要充分挖掘高等院校、科研院所、情报机构及留学归国等人才群体，吸引优秀的专业人才进入科技中介机构。科技中介机构应结合业务开展情况，做好人力资源规划，编制切合实际的人才需求计划。同时，还要充分了解行业人才市场需求与供给状况，制定相应的人才引进政策。对于事业单位编制的科技中介机构，应积极探索人事制度的创新。为消除事业单位编制对职工人数的限制，可以采用编制外员工招聘的方式。二是发展人才共享机制。在我国现有科技人才制度下，要求专业的技术人才脱离所在单位进入中介机构往往比较困难。这种情况下，科技中介机构应积极探索与高校、科研院所、同行组织、企业的人才共享机制，尤其是不少科技中介服务是以项目为基础的知识密集型服务，科技中介机构可以针对特定项目，邀请相关领域专家提供短期服务。这种不求为我所有、但求为我所用的用人思路可以缓解中介机构遇到的人才瓶颈。

二、进行流程再造，提高服务效率

流程创新是指对技术活动或生产活动中的操作程序、方式方法和规则体系的创新，流程创新是管理创新的重要内容之一。由于内部资源、外部环境在不断发生变化，企业要适时地对业务流程进行改造创新。其目的在于通过改造现有组织的基本流程，使工作效率和经济效益得到大幅提高，更有效地为顾客提供价值的同时，实现企业自身发展目标。

科技中介服务工作是科技服务体系为企业尤其是中小企业创新服务、创造价值的过程。其现有服务流程的一般模式是企业有现实需求后向有关科技服务机构提出服务要求，科技服务机构根据企业的需求开展相关服务，如搜寻信息、联系专家或相关部门、申报项目、协同企业解决问题等。在这种流程往往不能很好地保证服务的质量和效率，难以有效满足企业的需要，特别是不能有效发现和开发潜在的科技服务需求。现有流程可能在以下几个环节出现问题，从而使得业务不能有效开展。一是由于宣传力度不够，现有科技服务机构品牌知名度不高，这就导致企业有了科技创新方面的服务需求，但是不知道谁能提供此类服务。二是等企业上门表达了自己的需求后，再去搜寻相关信息和资源，由于缺乏信息和资源的提前储备，可能会导致服务的滞后甚至不能提供有效服务，难以使客户满意。三是由于现有体制不能形成对科技服务机构和个人的有效激励，可能导致直接与客户接触的科技服务者在提供服务过程中缺乏热情，敷衍了事。

科技中介服务机构的业务流程创新，就是要改造已有工作流程中不利于效率提高的各个环节，以全面提升服务效率和顾客满意度。业务再造是科技中介服务机构的重要战略活动。它首先要求科技中介服务机构对现有流程进行分析、诊断，识别不能创造价值的流程，发现可以促进效率提升的流程。在对流程进行全面分析诊断和重新设计的基础上，构建以流程为导向的企业组织形式以取代现有的职能导向的组织形式，依据流程的需要合理配置内部人财物等资源，保证新流程得以有效实现。

我国科技中介机构的类型多样，各机构的业务存在巨大的差异，因此，逻辑上不存在统一的业务流程再造模式。但根据这些机构都是服务于企业创新及我国科技中介机构存在的共性问题，科技中介机构服务流程再造可以有以下思路。首先，要对科技服务机构本身进行改造，理清利益关系，形成有效激励。其次，通过加强品牌建设提升服务品质，让潜在或可能的顾客认识科技服务体系和科技服务工作。再次，要利用现代信息技术和各种人脉资源，进行大量的科技资源储备以保证服务的及时性和效率性。最后，改应对式服务为主动式服务，经常性进入企业，发现和激发企业需求。

三、利用现代技术，开展管理和业务创新

以信息技术为代表的现代技术进步对人类经济社会活动产生了巨大的影响，成为拓展人类能力的创造性工具。现代技术进步也为科技中介机构开展管理和业务创新带来了新的机遇。如现代信息技术便利了科技信息的收集与展示，提高了科技中介机构的服务效率；现代信息技术拓展了科技中介服务的空间，使得科技中介机构能够远程为客户提供服务等。科技中介机构可以从两个方面利用现代信息技术：一是利用现代信息技术提升内部管理能力和外部服务能力；二是构建适应信息时代的商业模式。

从利用现代信息技术提升内部管理能力和外部服务能力层面来看，科技中介机构应积极实施管理信息化，通过管理信息化促进中介机构的规范化运作，主要包括面向机构内部的办公信息化、面向顾客的业务处理及客户服务信息化。目前，我国多数科技中介机构已经实现了办公信息化和自动化。同时，科技中介机构还应该根据自身的业务活动，建立必要的专业数据库。对于科技中介机构来说，占有的专业信息是其最重要的资源，很大程度上决定了其业务开展能力。因此，科技中介机构应充分认识数据库建设的重要意义，积极拓展信息收集渠道，并增强信息数据库化意识。

利用现代信息技术构建新的商业模式就是要求科技中介机构适应网络时代的要求，用互联网思维发现新的中介服务模式，构建新的商业生态。信息技术的进步已经将人类社会带入大互联时代（Web 3.0），基本实现了基于互联网的人人交互，人机交互及多个终端交互。未来还将实现"每个个体、时刻联网、各取所需、实时互动"的状态。在这样的背景下，一些传统的商业模式和生态将被颠覆，而适应大互联要求的新的服务模式和商业生态将有机会获得爆发性增长。这就要求人们对市场、客户、产品乃至整个商业生态进行重新审视，找到适合大互联时代的新的商业模式。目前，国内外已有一些科技中介机构已经建立起基于大互联的中介服务模式，并取得了良好的效果。成立于2001年的美国创励公司是一家利用现代信息技术打造的研发供

求网络平台。遇到科研难题的公司在 Innocentive 注册、签约成为求解者，即可在论坛里发布自己面临的问题和悬赏金额。所有注册的解决者都可以揭榜并提供解决方案。Innocenive 通过设计合理的信任机制、风险防范机制和收益分配机制保证各方利益和交易的完成。Innocentive 创造的开放式创新商业模式取得了巨大的成功。截至 2014 年，已有来自 200 多个国家的超过 30 万名的科技精英注册为解决者，有 1300 万名注册求解者，解决者提供的解决方案超过 4 万个，挑战成功率超过 85%。国外其他的类似科技中介服务机构还有网络技术市场，如 yet2.com 等。目前，国内也有一些机构开始了类似的探索，如成立于 2005 年的"威客中国"就基本采用了类似 innocentive 的商业模式，几年来，威客中国在利用闲散科技资源、解决企业创新困难和增加就业机会方面发挥了积极作用。从以上案例可以看出，现代信息技术为科技中介服务机构带了巨大的机遇，我国科技中介机构应早做准备，主动适应现代技术进步的趋势，积极利用现代信息技术提升服务能力和竞争优势。

四、加强品牌建设，提升美誉度

国外一些科技中介服务机构经过长期发展，已经建立了较大的品牌优势，成为行业的旗舰和标杆，如一些老牌的科技中介机构包括美国的安达信公司、英国技术集团科技中介公司、德国工程师协会等；新兴的科技中介机构，如 Innocentive、OpenIDEO 等。这些机构已经开始进入中国，与本土科技中介机构争夺市场，未来我国科技中介机构将面临越来越多的竞争。由于自身实力薄弱、业务定位模糊、产权结构不清等，我国多数科技中介机构一直忽视品牌建设的重要性，一些准事业单位性质的机构则基本没有品牌建设的意识。

科技中介机构品牌建设就是有意识地培育区别于其他组织和竞争对手的独特的价值、文化和个性，并通过具体名称、名词、符号等可视化工具展示给社会。在社会对科技中介机构认可和接受程度较低的情况下，科技中介机构加强品牌建设具有最重要的意义。通过品牌建设，对外可以提升科技中介机构的美誉度和知名度，从而增强中介机构对客户的吸引力和辐射力；对内可以增加组织凝聚力，增强员工对组织的认同感和归属感。

我国科技中介机构品牌建设，可以从以下方面着手。首先要求科技中介机构树立品牌意识。科技中介机构尤其是领导要充分认识品牌对机构长远发展的重要意义，认识到品牌是组织独特竞争力的来源。只有在此基础上，才可能有意识地设计品牌、合理地使用品牌和有效地保护品牌。其次是做好品牌形象策划和品牌传播。科技中介机构应该有意识地将自己的个性化特征，如价值观、企业文化、服务理念、行为规范等向社会展示和传播，在社会公众中形成一个标准化、差别化的组织形象。科技中介机构还要通过有效的传播方式，如广告、公关等对品牌形象进行推广，从而提高品牌的知名度和美誉度。最后，引导员工参与品牌的建设和维护。科技中介服务要求员工与客户面对面地进行，员工的服务态度和能力直接影响企业的品牌形象。因此，科技中介机构一方面应加强对员工的技能培训，使员工服务技能达到客户要求。同时，还应实施内部营销，使员工认可组织愿景、文化和价值观，主动维护组织品牌。

第二节　路径二：结构优化

为全面、有效地为创新主体提供服务，不仅要求单个中介机构服务实力强大，还需要科技中介机构形成良好的结构关系。这种结构关系主要体现在区域科技中介机构的层次体系、机构间的资源共享和业务协作，以及科技服务系统与主体经济系统的协同上。

一、构建多层次科技中介服务体系

科技中介服务体系的结构蕴含多方面的内容。从我国的现实情况来看，应该包括三个方面。一是从业务层面理解，指开展不同业务活动的科技中介组织形成的结构形态。二是从经济区域等级层面理解，指基于经济区域等级形成的不同区域科技服务组织的等级形态。三是从机构本身的性质理解，是指不同性质的科技中介机构的结构关系。构建多层次的科技中介服务体系，要注意处理好以上结构关系，如图7-1所示。

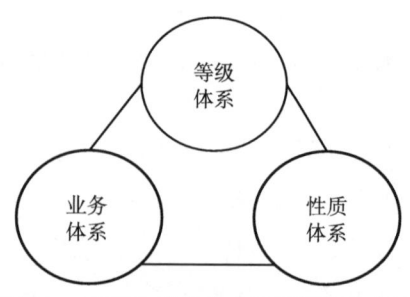

图7-1　多层次科技中介体系结构示意图

从业务形态来看，我国各种类型的科技中介机构的主要业务存在较大的差异。依据科技中介机构的主要业务活动和服务对象，我们大致可以将其划分为技术市场交易类中介服务机构、面向中小企业创新服务类中介机构及创业服务类科技中介机构。这三类机构的典型代表分别是技术市场、生产力促进中心和科技企业孵化器。技术商品交易、中小企业创新及科技企业创业是区域经济的一般活动，这些活动中的行为主体会遇到各式各样的障碍，就要求不同类型的科技中介机构为其提供服务。因此，从经济活动的一般规律来看，构建多层次的科技中介服务体系的第一个要求就是能够形成门类齐全、功能完备的结构体系。同时也要注意到，在不同的区域，或是在区域经济发展的不同阶段，对以上科技中介服务的需求强度是不一样的。如在经济欠发达地区，技术商品交易活动往往不够活跃，科技企业创业活动也较少发生，其主要的问题是中小企业创新障碍。因此，地方科技主管部门应有重点地支持和引导服务中小企业创新类的科技中介的发展。另外，为真实了解经济活动对科技中介的需求情况，科技主管部门应积极组织开展相关企业调查，了解科技中介服务体系存在的功能和组织缺陷，依据调查结果完善服务体系。

长期以来，政府在科技资源配置中扮演着重要角色。这就决定了我国科技中介服务体系表现出较强的行政等级结构。科技中介服务体系优化还需要关注其等级结构。具体可以考虑建立起省、市、县（区）多层次的科技服务体系结构。各县（区）根据本地区产业特点，成立一到两个专业特色的生产力促进中心或应用性共性技术服务平台，主要服务于本地区的特色产业集群。也可以直接依托企业建立科技服务平台，采取适当的激励机制，鼓励企业自建的平台积极向产业服务、向社会开放。市一级的科技服务机构则主要服务于所在市的主导产业。省级科技服务机构和组织应在专业技能和服务能力上更具实力和优势，应关注省内主导产业、战略性新兴产业、重点企业，其服务范围应覆盖全省。通过统筹规划科技中介资源布局，促进各级类科技服务机构的有效衔接与合作，形成等级结构合理的科技中介服务体系。

从科技中介机构的所有制和运营主体来看，我国科技中介机构主要包括以下四类。一是完全由政府部门建立的事业单位；二是由原事业单位改制而来的准事业单位；三是依托高校和科研机构建立的下属单位；四是完全由社会力量创办的商业性中介机构。以上四类机构在所有制性质、运营主体、运营模式和主要服务对象上都存在较大的差异，在服务企业创新方面发挥着各自不可或缺的作用。多层次的科技中介体系建设的第三个层面的内容就是协调好以上各类在整个科技中介体系中的结构和功能。从我国现实情况来看，由于我国科技体制改革的相对滞后，第一类和第二类机构在整个体系中占比较大。未来应积极吸引社会资本进入科技中介行业，促进建设按市场规律运作的现代企业性质的中介组织。同时，鼓励高校和科研院所根据自身的业务需求和资源优势创办各类中介机构。同时，也要注意各类机构的业务侧重点。政府主导的科技中介机构主要提供行政性协调与共性技术供给服务，如政府政策咨询、共性技术开发与供给、技术标准制定等。依托高校的中介机构主要为高校技术转移及创业活动提供服务。而企业性质的机构，则在市场机制的引导下，为客户提供各类服务。

二、促进科技中介服务系统与经济系统的协同

科技服务工作主要服务于地方企业技术进步和经济发展，这就要求科技服务体系和能力建设要适应地方经济、产业发展和技术进步的需求。科技中介服务体系结构优化在区域层面上首先表现为科技中介服务系统与区域经济系统的协同。

科技中介体系与区域创新系统协同的第一个层面为主体间的协同，即区域科技中介服务主体与区域创新系统中的其他主体，如企业、政府、高校、金融机构的协同。企业是科技中介机构的服务对象，科技中介应与企业建立起良好的联系，如建立企业档案信息库，充分了解企业的需求，适应企业需求建设自身服务能力。高校在区域创新系统中充当知识生产者和技术供给者角色。高校技术向生产力转化需要经过技术使用的环节，一个途径是将技术转移给有需要的企业，另一个途径是技术拥有者自己创业。科技中介一方面应在高校和企业之间建立良好的纽带关系，充当桥梁作用，促进高校技术向企业转移；另一方面为创业活动提供支持。高校也可以依据自己的实际情况设立科技中介机构，如成立专门的高校技术转移办公室和高校科技园区，加速高校技术的转移和服务高校创业活动。政府在区域创新系统中充当政策供给者和资金供给者的角色。一方面，科技中介机构应保持对政府科技政策的紧密关注，加强对政策的学习与把握，在此基础上争取合理的政策支持。另一方面，科技中介机构，尤其是行业协会应了解企业的诉求并将其反馈给政府，作为政府制定政策的依据。金融机构是区域创新系统中重要的资金供给来源。科技中介机构应通过设

计合理的信任机制、利益分配机制和风险机制等加强与金融机构的合作，使金融机构更好地为企业创新提供金融支持。

区域科技中介体系与区域创新系统协同的第二个层面为结构协同。一般来说，区域经济往往包括多个产业。不同产业对科技中介服务有共性需求，如金融服务、人才需求等，也有个性需求，如专业的技术支持等。区域科技中介服务体系应适应区域产业的结构性特征，构建既包括服务于各产业的专业性科技中介服务机构，也包括服务于整个区域经济主体的共性科技中介机构的服务体系。基于产业机构逻辑的区域科技中介服务系统示意图见图7-2。

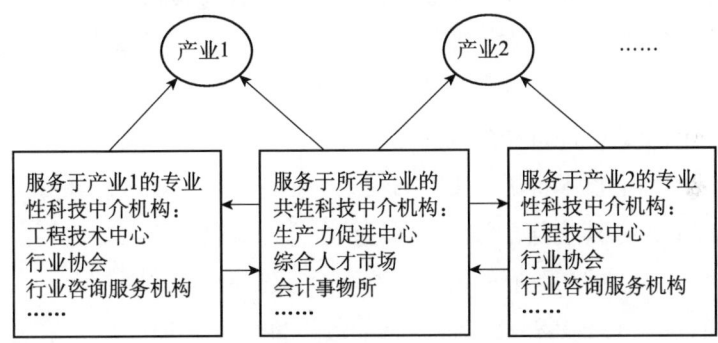

图 7-2 基于产业结构逻辑的科技中介服务体系

从产业结构逻辑设计区域科技中介服务体系时还要考虑产业结构的动态变化。随着传统产业的衰退和新兴产业的兴起，区域产业结构的变动要求区域科技中介服务体系做适应性的调整。由于科技服务工作专业性较强，科技服务人员专业技能的形成需要较长的时间并且具有较强的稳定性，所以区域科技中介服务体系的调整往往面临较大的困难。一方面，要求科技中介机构自身要保持敏锐的市场洞察力，随时关注市场需求变化和产业结构调整的趋势，依此进行人才的培训和业务的调整。另一方面，要求地方政府在对产业进行规划时，就充分考虑到科技中介机构安排和布局。对于战略性新兴产业来说，跟踪行业技术发展趋势尤其重要，政府甚至可以动用公共资源先行设立行业性信息收集和服务机构。例如，新余市在确立建设中国新能源城市战略之初，就筹划建设了新能源发展研究院，该机构的主要作用就是作为新能源领域现代信息服务中心和专业研究机构，为政府、企业提供研究咨询和技术服务。

三、促进科技中介机构的协作与资源整合

首先,科技中介机构自身应积极谋求和业务互补机构的协作。企业创新活动是一个多阶段、多角色参与的过程。多数企业创新过程中需要包括技术、资金、管理、人才在内的多种创新支持服务。我国科技中介机构普遍规模较小、服务能力较弱,单一的科技中介机构往往难以满足其需求。这就要求科技中介机构加强交流合作,进行资源的有效整合,才能为企业创新提供全面、优质的服务。科技中介机构应结合自身的业务特点,与其他科技中介机构或组织协调配合,资源共享、互相集成,为企业创新提供综合配套服务。

其次,在政府的主导下,建设和完善科技公共服务资源共享平台。通过平台的建设,实现科技信息的共享和科技资源的整合。综合平台建设可以通过先分类后集成的模式,即首先分别建立不同类型科技中介机构服务公共平台,如技术交易类的网上技术市场、生产力促进中心协会会员网等,在分类系统平台建设的基础上,将其整合,形成区域科技中介服务公共平台。也可以采用先集成后分类的模式,即在政府的统一协调下,首先建立起区域综合平台,在综合平台建设的技术上不断补充完善分类平台。2009年之前,多数采用前面一种模式。2009年,科技部、财政部联合建设了中国科技资源共享网,全国性的科技资源共享基本形成。在此推动下,各省级地方政府也加快了省级资源共享平台的建设并接入中国科技资源共享网。当前,全国各省级科技资源公共服务平台的网络载体建设基本完成。当前还存在以下主要问题亟待解决。一是一些省级地方平台功能不全。与发达地方相比,欠发达地区的公共服务平台在功能导航、注册服务机构数量、注册企业数量及访问量上存在较大差距,阻碍了其功能的发挥。二是省级以下区域科技公共服务平台建设意识薄弱、建设进程滞后。三是普遍存在重建设、轻运行、少推广的现象。今后要继续加强公共平台基础设施建设,完善平台功能体系,向下推进平台建设向市县级区域延伸,接入下级区域服务平台、行业公共服务平台和企业公共服务平台,向上接入上一级公开平台,形成结构合理、上下连通的区域科技公共服务平台体系,如图7-3所示。平台建设完善过程中要加强部门行动的协调,要成立专门的协调机构。公共服务平台建设应纳入区域信息基础设施建设计划,设立专项资金予以支持。同时要创新平台管理运营方式,加大平台宣传力度,吸引更多的科技中介机构和企业。

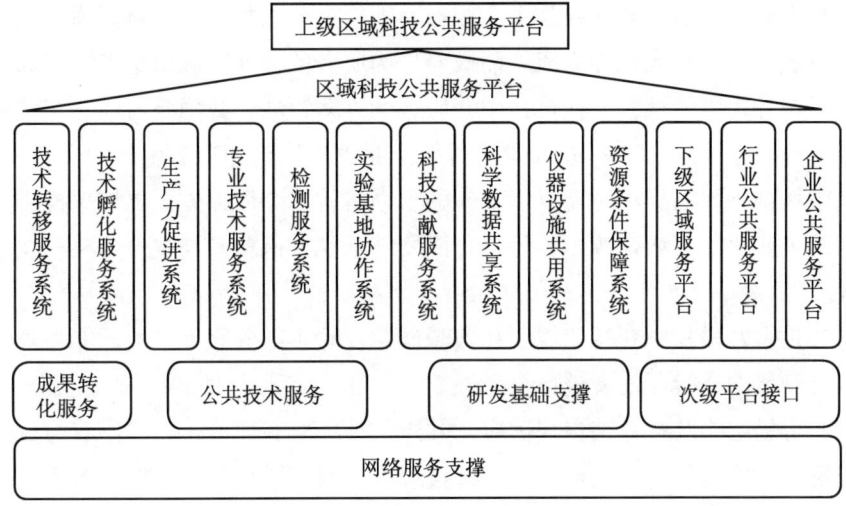

图 7-3　科技公共服务平台结构体系

第三节　路径三：环境改善

科技中介运行的环境包括政务环境、法律环境、市场环境等。环境的改善既需要政府转变职能、加强法制环境建设、维护市场公平竞争，也需要行业自律、共同维护。

一、转变政府职能

计划经济向市场经济转变，政府在经济社会中的角色发生了重要变化，因此，要求政府职能随之转变。在科技中介发展过程中，政府起到了重要的推动作用，但仍然存在角色错位、失位问题。因此，要求政府根据形势变化，进一步转变政府职能。

一是在科技中介服务的供给上，政府要处理好供给者和生产者的角色关系。部分科技中介服务的公共物品属性会导致其供给的市场失灵，从而要求政府作为供给者供给科技中介服务。但是，政府供给不一定意味着就政府生产，因为政府供给者和生产者身份的统一容易产生政府失灵问题，同样会导致资源配置的无效率。因此，政府要根据科技中介服务自身的特性，处理好供给者和生产者的角色关系。对于少数私人机构不能完成的服务，如国家级工程技术中心、科技服务公共服务平台等，政府才既作为供给者又作为生产者。对于多数私人机构能够完成的科技中介服务，即使是公共物品，也可以通过委托代理的方式，交给私人机构完成，而政府作为服务的委托方和供给方，从私人机构购买服务提供给社会。在科技中介服务的许多领域，我国政府既充当了供给者，又充当了生产者。官办性质的科技中介服务机构如多数生产力促进中心、技术市场都是计划经济时期延续下来的官办机构。今后一方面要加速推进这些机构的企业化、市场化改制；另一方面要鼓励私人机构参与政府公共科技中介服务。

二是做好科技中介行业规划和宏观调控。除了部分服务供给职能之外，政府应对科技中介行业发展进行统一规划和引导，使科技中介机构的发展与市场规模、市场结构及产业结构相适应，并强化某些薄弱环节。其工作着力点应放在构筑科技发展的基础平台、完善科技政策、制订科技发展规划、组织关系国计民生的重大科学技术问题的研究、规范市场行为等宏观公共事务的管理。

三是要用好政府支持政策。科技中介在我国起步较晚，总体来看，发展滞后于我国经济发展的要求。因此，政府应当加大对科技中介的扶持力度，以促进科技中介快速发展。当前政府支持科技中介发展存在一些问题，一是支持资金多用于官方性质的中介机构，而对非营利性社会组织性质的机构和私人机构支持力度不够。如果官方性质的中介机构只是提供私人机构不参与的公共科技中介服务，这种支持的偏向性是没有问题的，但问题是我国多是官办性质的机构在参与一般科技中介服务，与私人机构竞争。这就使得私人机构在竞争中处于不利地位。而且，私人机构和非营利性质的机构起步晚，实力弱，尤其需要政府支持。因此，政府在扶持资金和政策的使用上，应改变现在的做法，加大对非营利性机构和私人机构的支持。二是政府在对科技中介机构支持的同时，往往干预中介机构的独立运行。过多的干涉不利于政府职能转变，容易滋生腐败、权力寻租等现象；也不利于科技中介独立、公正地开展服务活动。因此，政府在实施对科技中介机构政策支持的同时，应尽量减少对其业务层面的干预，让中介机构拥有真正的自主经营权。

二、健全法律法规环境

西方发达国家的经验表明，科技中介行业的健康发展离不开法律法规的保障作用。科技中介是一类特殊的服务，其专门的法律法规尚有待完善。今后要加强相关法律法规建设，使科技中介机构的创建、运行和资金来源等都有法可依。

首先，应进一步明确科技中介机构的法律主体地位。一般认为中小企业法明确了我国科技中介机构的法律主体地位。但其实其覆盖面是非常狭窄的。我国科技中介按其活动目的可以分为营利性和非营利性机构；按创办主体可分为政府举办、私人部门举办和社会组织举办的机构。中小企业法只适用于私人性质的营利性科技中介机构，而对其他机构并不适用。而实际情况是我国私人举办的科技中介机构所占比例很低，多数机构是官方举办的。因此，事实上我国多数科技中介机构的法律地位并没有得到明确。而且，由于政府对科技中介实行分类管理的政策，对社会组织举办的非营利机构有较多的政策性倾斜。结果使得一些私人机构也打着非营利性组织的名义，享受相关政策，搅乱了科技中介服务市场秩序。主体地位的不明确，使得科技中介机构的权利和义务不能得到明确界定，不利于业务的开展。因此，针对我国科技中介机构的结构现状，有必要专门出台针对科技中介服务机构的法律法规，明确不同类型机构的法律主体地位。

其次，出台分类别的科技中介促进法。西方发达国家针对不同类型的科技中介服务都有专门的立法。我国科技中介主要包括技术市场、生产力促进中心和科技企业孵化器。三类机构的业务内容差异较大，需要分类型的法律保障。我国一些地方政府已经出台了一些分类型的科技中介发展促进条例，但是一方面地方政府立法层次低，同时，各地方的条例差异较大，甚至相互冲突，因此，有必要在国家层面上出台分类别的科技中介促进法。

三、规范市场环境

良好的市场环境是科技中介行业发展的必要条件。当前我国科技中介市场上存在的一些不正当竞争、诚信缺失等现象，严重干扰了市场秩序，阻碍了科技中介服务业的健康发展和功能的实现。政府应该在营造良好有序的市场环境方面发挥主导作用。

首先，要营造公平竞争的市场环境，消除科技中介市场存在的不公平竞争情况。当前我国科技中介市场上的不正当竞争主要表现为行政性垄断和区域性垄断。行政性垄断是一些科技中介机构利用与政府部门的挂靠关系，动用政府力量不正当获取业务。区域性垄断是指科技中介市场上的地方保护主义，不允许外地机构进入本地开展业务。要消除这两种不正当竞争现象，要求地方政府尽量减少对市场的干预，加快事业单位下属科技中介机构的现代企业制度改革，切断政府职能部门与科技中介机构之间的利益联系。只有这样，政府才能从原来的直接利益相关者变成市场监督者，各类不同性质的科技中介机构才能够实现公平竞争。同时，按照建设统一开放市场的要求，开放本地市场，消除人为区域贸易壁垒，允许区域外科技中介机构在本地区自由开展业务。

其次，要建立科技中介机构的市场准入制度和从业人员的执业资格认定制度。科技中介服务要求较高的专业技能、知识基础和道德素养，因此需要建立相应的资质审查制度。我国当前科技中介市场资格认证制度的缺失，使得行业进入门槛低，大量不具备相应能力的人员和机构进入行业，从而导致市场低层次竞争、混乱无序的结果。因此，政府应对科技中介行业建立严格、统一、公开、公正的市场准入制度。一方面，技术监管部门要加强对科技中介机构和组织的资格和资质方面的审查；另一方面，劳动部门对相关从业人员从专业知识、服务技能和职业道德等方面进行职业资格认定。通过对组织和从业人员的资质审查，确保行业的整体素质水准和服务能力。

四、加强行业自律

我国科技中介机构在服务规范、竞争合作方式、信誉评价、行业自律等方面还存在着较大的不足。从发达国家的经验来看，行业协会在规范科技中介服务体系中往往具有不可替代的独特作用。因此，应加快行业协会建设，并真正赋予其进行行业自律的权力，真正实现行业自我服务、自我协调、自我监督、自我保护。

一是通过行业协会来加强科技中介机构之间的联系。各行业协会应通过创办刊物、开展咨询服务、定期座谈交流等多种形式，加强成员间的沟通往来，互相学习，总结经验教训，实现互通有无，共同发展。

二是建立科技中介的信誉评价体系和管理。信誉评价要以科技中介机构为对象，以用户为中心，以服务质量为重点，采用科学、实用的方法和程序，对科技中介机构的服务能力、服务业绩和社会知名度、内部管理水平、遵纪守法情况、用户满意程度等进行客观、公正的评价，评价结果向社会公布。信誉评价工作要以维护科技中介行业信誉、提高专业化服务水平、促进科技中介机构发展为宗旨，以公平、公开、公正和自愿参加为原则，不得以营利为目的；要建立信誉评价信息发布和查询制度，推动信誉监督管理社会化；要与科技中介机构从业人员培训计划的实施相结合，促进人员素质的全面提高。对取得较高信誉等级的科技中介机构，科技管理部门在重大科技决策、科技计划实施、科技成果转化等工作中要充分发挥它们的作用。

三是引导职业道德建设。科技中介行业由于其自身服务的特殊性，尤其要加强从业机构和从业人员的行业规范职业道德建设。例如，美国的科技咨询业已形成如下的职业道德和价值观：保持独立性与专业性，为客户服务诚实守信，只接受公司力所能及的工作，不以自我标榜的方式做广告等。我国中介行业协会应该在政府的指导下，制定实施与国际惯例接轨的行业行为规范、行业服务标准、从业人员守则等行业管理制度，形成良好的行业风尚，建立自我教育、自我规范、自我约束、自我发展的良性机制。同时，引导行业机构加强文化建设，培育宽松、默契、合作的文化基础。

第四节 路径四：需求引导

社会对科技中介的需求受多方面影响。一是创新活动规模：创新活动规模越大，对科技中介服务的需求就越大。二是企业对科技中介的接受意图，第五章的实证分析表明企业开放创新意识、社会影响、与科技中介合作的便利条件等因素会影响企业对科技中介的接受意图。三是科技中介服务的成本，按照需求供给理论，成本（价格）越低，需求量越大。政府可以采用相应的政策，通过政策调控其中的过程变量，增加社会对科技中介服务的需求。

一、推动创新发展战略，扩大创新活动规模

一是实施企业技术创新战略，提升企业自主创新能力。加强企业的人才队伍建设和研发机构建设，增强企业创新能力。对中小企业创新给予特别的关注，制订中小企业发展计划、成立中小企业发展基金，对中小企业创新实施税收减免。

二是充分发挥高校和科研院所创新主力军作用。高校和科研院所是知识生产和扩散的主要源头，是激活科技中介市场活动的重要因素。一方面要加大对高校和科研院所的科技经费的投入，培养和引进高素质人才，提升科技创新能力；另一方面，要通过科技体制改革，建立有效激励机制，充分调动科技人员的积极性和创造性。同时，要引导和鼓励高校和科研院所为企业创新服务，与企业建立多种形式的技术联盟进行联合创新，促进高校知识的流动和技术的转移。

三是鼓励创业活动。通过资金支持政策、税收优惠政策、创业培训计划等政策为创业活动提供支持。扩大创业群体，鼓励大学生、城镇失业劳动者、返乡农民工创业，通过科技体制改革，鼓励高校院所科研人员创业。发展创投产

业，拓宽风险投资资金的来源、减少对风险资本投资的行政性干预，建立有效的风险资本市场退出渠道，通过风险资本促进高新技术产业化。

四是加快实施高新技术产业化政策。地方政府结合区域自身资源、人才、区域、市场等要素，做好高新技术产业化，明确本地要高新技术产业化重点领域。引导相关科技资源加强对该领域的核心技术进行攻关和集成，鼓励引进国内外先进技术成果进行产业化。加强高新技术产业化基础设施建设，完善高新技术产业化服务平台。在财税、规划、土地、人才、科技等方面对项目实施主体和配套单位倾斜，给予优先支持。设立高新技术产业化专项资金，鼓励金融资本和社会资本进入重点领域。

五是加快对传统产业的技术改造和升级。由于传统产业的产品技术含量低、技术装备落后、资源环境消耗高等特点，其在市场上竞争力较弱，也不符合资源节约型和环境友好型发展的要求。政府可以通过政策设计合理引导和激励企业进行技术改造和升级。主要政策手段包括通过设备投资抵免所得税政策提供税收支持，通过产业技术进步资金为企业技术改造提供资助和贷款贴息等形式的资金支持，通过政府采购方式为技改企业提供市场支持。

二、营造开放式创新文化

第五章实证结果表明企业开放创新意识是影响企业对科技中介接受行为的重要因素。企业对科技中介机构接受意图较低的一个重要原因就是企业开放创新意识较低，从而影响了科技中介功能的发挥。因此，地方相关部门应积极地营造开放式创新文化，引导企业创新模式由封闭性创新走向开放式创新。

一是积极宣传开放式创新的积极意义。开放式创新模式鼓励企业充分利用外部资源，积极利用外部人力、资本、创意的要素服务于企业的创新活动。开放式创新可以有效地解决企业创新资源不足，大大加速企业创新进程，并能使企业创新活动适应市场需求。开放式创新是一种新的创新和管理理念，要求组织以一种更加合作和开放的态度开展市场活动。我国多数企业还没有意识到开放式创新的重要性，依然按照传统的封闭式创新模式，将创新活动局限于组织内部，基本依赖内部资源进行创新活动，与外界发生知识交互活动少。这种创新模式很难适应当前技术快速进步和竞争日益激烈的市场环境。地方政府相关部分应积极地宣传开放式创新的积极意义，充分利用电视、电台、报纸和网络等媒体，宣传开放式创新模式及典型成功案例，努力营造资源共享、共赢合作的区域创新文化。

二是要做好科技中介机构的宣传推介工作。地方政府要向企业和社会宣传科技中介,让社会和企业了解、认识科技中介在企业实施开放式创新过程中的重要作用。引导和资助企业和各类科技中介机构形成良好的合作关系。同时,也要引导科技中介机构增强服务意识,提升服务能力和改善服务方式,成为企业开放式创新真正的帮手和伙伴。我国不少地区在这方面进行了有益的探索,如江苏省在全省范围内推进创新驿站建设、江西省从2008年推行的科技入园工程。这些工作一方面较好地宣传了科技中介机构,增加了企业对科技中介的了解;另一方面,将科技中介机构推到了为企业创新服务的一线,拉近了科技中介机构和企业的距离,有利于科技中介更好地为企业服务。

开放式创新文化的形成能够促进企业和科技中介机构合作关系的良性循环。一方面,科技中介机构通过为企业提供服务获得发展资金,获得进一步发展的机会;另一方面,企业则利用科技中介机构提供的服务缓解创新资源短缺问题,提升了创新发展能力。当越来越多的企业通过与科技中介机构的合作受益时,就会对其他企业形成一种积极的社会影响,正如第五章实证研究结果表明的那样,积极的社会影响会增加企业对科技中介机构的接受行为意图,从而社会对科技中介的需求会进一步扩大。

三、税收减免

政府引导和扩大科技中介市场需求的另一个工具是采用政府补贴或税收减免政策。按照税负转嫁原理,无论是对科技中介服务的供给方还是需求方提供政府补贴或税收减免,最终都可以降低科技中介服务的市场价格,从而降低企业购买科技中介服务的成本,增加对科技中介服务的市场需求。

我国当前实施的针对科技中介服务的税收优惠政策主要是"四技"(技术开发、技术转让、技术咨询和技术服务)收入税收减免政策,包括为农业生产的产前、产中、产后服务的单位,对其提供的技术服务或劳务所得的收入暂免所得税;对科研单位、大专院校服务于各行业的技术成果转让、技术培训、技术咨询、技术服务、技术承包所取得的技术性收入暂免征所得税;企业事业单位进行技术转让,以及在技术转让过程中发生的与技术转让有关的技术培训、技术咨询、技术服务的所得,年净收入在30万元以下的,暂免征所得税。但在实际执行中对单独的技术咨询、服务和培训,均不能享受此项税收优惠政策。只有技术开发、技术转让或技术开发和转让过程中发生的与技术转让相关的技术培训、技术咨询、技术服务才可享受上述优惠政策。因此,此项惠政策主要针对技术转让环节，受惠对象范围较窄，尚不能覆盖整个科技中介服务的主要内容。

未来应继续加大对科技中介服务的税收减免优惠力度。拓宽税收优惠政策的覆盖面，将受惠对象扩大到整个科技中介服务领域。减少对四技税收减免政策现有的限制，规定所有的技术开发、技术转让、技术咨询和技术服务都可以享受减免政策，而不仅限于与技术开发和转让相关的活动。设计专门针对科技企业孵化机构的相关税收优惠政策，对各类科技孵化机构、创业服务中心、大学科技园等可以从营业税、所得税和土地使用税等方面进行相应的减免。由于科技中介服务机构属知识密集型服务业，技术含量较高，所以地方政府可以比照高新技术企业税收优惠政策模式，对科技中介机构实施所得税优惠政策。

四、政府购买

产业政策中，政府采购除了能够直接给予企业市场支持，还能够起到良好的示范效应，从而进一步扩大企业的市场需求。由于科技中介服务具有较强的外部性，政府可以通过政府采购的形式为科技中介服务业提供支持。同时，科技中介机构由于自身人才、技术、信息的优势，有能力为政府公共决策提供高效决策咨询服务。

而且，政府购买科技中介服务是发达国家的通行做法。英国科技社团，如英国皇家学会、英国科学技术理事会等在英国公共政策过程中具有重要地位，是英国政府科学拟定和采纳政策方案，使政策制定科学化，达到政策目的的重要智力来源。据2004年的一项调查显示，英国科技社团39%的收入来自于向政府提供决策咨询服务（张举和胡志强，2014）。世界最负盛名的决策咨询机构美国兰德公司的主要客户就是联邦政府，包括国防部、卫生部、教育局等政府部门都有大量的咨询项目委托给兰德公司完成。

我国各级政府相关部门每年都要进行大量的政策决策、项目评估等工作。现在这些工作主要是依靠政府内部资源来完成，这样容易导致政府机构的臃肿和资源利用效率低下。未来可以借鉴国外的经验，对于一些重大决策项目，可以通过向社会公开招标的形式，将这些工作委托给专业的科技咨询机构完成。对于一些发生频率较高的事务性工作，政府可以在法律允许范围内将其委托给具有专业资质的科技中介机构完成。政府主要做好委托前的资质鉴别和委托后的管理监督工作。这样，一方面精简了政府部门，同时还能保证政策决策的专业性和科学性。而且，通过政府采购使得政府部门成为区域科技中介的一个重要需求方和市场来源，促进科技中介服务业的发展。例如，上海市杨浦区政府购买科技中介服务的项目范围包括专利项目评估策划、专利项目融资服务、企业市场拓展咨询、专业培训、代理工商登记、代理税务纳税申报和代理会计记账等。近年来，我国一些地方政府对科技中介政府采购进行了一些新的尝试，政府开始利用科技中介机构进行招商引资和项目引进。由于科技中介在专业投资领域和高新技术产业化方面的经验和优势，这些举措都取得了较好的效果，同时也进一步拓宽了科技中介的业务领域和市场空间。

第五节 本 章 小 结

本章在前文分析的基础上，提出了促进我国科技中介功能提升的四条路径，分别为能力提升、结构优化、环境改善和需求引导。各路径下的具体内容见表7-1。

表7-1 促进我国科技中介功能提升的路径

路径	具体内容
能力提升	加强人才队伍建设，提高从业人员业务素质 进行流程再造，提高服务效率 利用现代技术，开展管理和业务创新 加强品牌建设，提升美誉度
结构优化	构建多层次科技中介服务体系 促进科技中介服务系统与经济系统的协同 促进科技中介机构的协作与资源整合
环境改善	转变政府职能 健全法律法规环境 规范市场环境 加强行业自律
需求引导	推动区域创新发展战略，扩大创新活动规模 营造区域开放式创新文化 税收减免 政府购买

主要参考文献

埃莉诺·奥斯特罗姆.2000.公共事物的治理之道.余逊达,陈旭东译.上海:上海三联书店.

白洁.2009.基于系统论的科技中介运行机制优化.商场现代化,(4):73.

陈德权,娄成武,张韬.2003.国外科技中介服务机构的发展与启迪.科技管理研究,23(4):101-103.

陈劲,陈钰芬,余芳珍.2007.FDI对促进我国区域创新能力的影响.科研管理,28(1):7-13.

陈天荣.2011.科技中介发展动力研究——兼论嘉兴对策.北京:北京理工大学出版社.

陈岩峰.2011.促进科技服务业发展政策支持体系研究.广州:暨南大学出版社.

邓朝华,鲁耀斌,张金隆.2007.基于TAM和网络外部性的移动服务使用行为研究.管理学报,4(2):216-221.

董正英.2003.技术交易、中介与中国技术市场发展.上海:复旦大学博士学位论文.

高平,刘文雯,徐博艺.2004.基于TAM/TTF整合模型的企业实施ERP研究.系统工程理论与实践,24(10):74-79.

顾建光.2006.发挥科技中介在我国创新体系中的作用.西安交通大学学报(社会科学版),26(6):34-39.

郭同峰.2003.论科技中介组织在科技进步中的作用.科技进步与对策,(10):101-102.

何德华,鲁耀斌.2009.农村居民接受移动信息服务行为的实证分析.中国农村经济,(1):70-81.

亨利·切萨布鲁夫.2005.开放式创新:进行技术创新并从中赢利的新规则.金马译.北京:清华大学出版社.

侯杰泰.2004.结构方程模型及应用.北京:教育科学出版社.

黄芳铭.2005.结构方程模式理论与应用.北京:中国税务出版社.

贾仁安,丁荣华.2002.系统动力学——反馈动态性复杂分析.北京:高等教育出版社.

科斯.1990.企业、市场与法律.上海:上海三联书店.

郎丽慧,蔡建峰,郭鹏.2005.科技中介服务机构核心员工薪酬体系的设计.科技进步与对策,22(6):164-166.

李柏洲,孙立梅.2010.创新系统中科技中介组织的角色定位研究.科学学与科学技术管理,31(9):29-33+189.

李文元,顾桂芳,梅强.2010.我国科技中介机构管理模式演进路径研究.科技管理研究,30(10):23-24+31.

李欣,邹礼瑞.2008.科技中介服务体系发展动力机制分析.科技进步与对策,25(4):101-103.

李正风.2003.从"知识分配力"看科技中介机构的作用与走向.科学学研究,21(4):405-408.

林欣吾.2006.从创新政策循环角度看创新政策评估.科技发展政策导报,(10):1143-1153.

刘锋,王永杰,陈光.2004.对科技中介几个基本问题的研究——基于技术创新的分析和认识.科学学与科学技术管理,25(4):55-58.

刘锋,王永杰,陈光.2006.科技中介发展中的自身行为规范化研究.高科技与产业化,(Z1):17-19.

刘立.2011a.科技政策学研究.北京:北京大学出版社.

刘立.2011b.创新系统功能论.科学学研究,(8):1121-1128.

刘勇,菅利荣,吕剑.2010.基于三角模糊数的高校科技中介机构绩效评价.科学学与科学技术管理,31(10):21-25.

柳亚林.2003.科技中介服务与科技资源优化配置.山西科技,(5):11-12.

吕达.2004.公共物品的私人供给机制探析.江西社会科学,(11):32-36.

马玉根.2007.科技中介服务在区域创新系统中的功能研究.科技创业月刊,20(2):16-18.

迈克尔·波特.1989.竞争战略.北京:中国财政经济出版社.

迈克尔·迪屈奇.1999.交易成本经济学——关于公司的新的经济意义.北京:经济科学出版社.

毛明轩.2009.充分利用现有生产力中心资源,促进高技术产业发展.科技促进发展,(1):32-36.

阮萌.2009.公共物品非营利组织供给研究.开放导报,(1):97-102.

石军,蒋晨.2006.美国科技成果转化经验管窥.世界电信,19(9):15-17.

世界科技中介发展研究组.2003.世界科技中介机构发展概览.北京:科学技术文献出版社.

司维.2010.网站互动性的接受研究.昆明:昆明理工大学硕士学位论文.

苏婉,毕新华,王磊.2013.基于UTAUT理论的物联网用户接受模型研究.情报科学,(5):128-132.

孙立梅. 2011. RIS 中科技中介组织角色定位及作用机理研究. 哈尔滨：哈尔滨工程大学博士学位论文.

孙立梅，戚红彦. 2011.RIS 中技术交易市场作用路径的实证检验分析. 情报杂志，30（9）：191-195.

孙玉伟. 2010. 基于委托代理理论的科技中介机构激励机制研究. 情报探索，（2）：47-49.

谭开明. 2008. 促进技术创新的中国技术市场发展研究. 大连：大连理工大学博士学位论文.

谭开明，魏世红. 2009. 技术市场与技术创新互动发展的机理分析. 科技与管理，11（3）：37-40.

谭玉洪，段万春，李耀平. 2006. 我国发达地区科技中介服务机构人力资源政策概述. 经济问题探索，（7）：140-144.

王健，王树恩. 2009. 我国科技中介服务机构管理机制与模式研究. 科技管理研究，29（7）：67-69.

王庆金，马浩，马伟. 2011. 科技中介在区域创新体系中运作机制及发展对策. 管理现代化，（1）：9-10+28.

王卫东. 2010. 结构方程模型原理与应用. 北京：中国人民大学出版社.

王文瑞. 2002. 科技中介：现代社会的支撑点. 河南科技，（13）：16-17.

王玉. 2010. 科技中介服务业顾客感知服务质量及运作机理研究. 大连：大连交通大学硕士学位论文.

魏江，沈璞. 2006. 知识密集型服务业创新范式初探. 科研管理，27（1）：70-74.

魏江，许庆瑞. 1995. 企业创新能力的概念、结构、度量与评价. 科学管理研究，（5）：50-55.

魏守华，吴贵生，吕新雷. 2010. 区域创新能力的影响因素——兼评我国创新能力的地区差距. 中国软科学，（9）：76-85.

吴莉莉. 1997. 日本和香港生产力促进组织印象. 中国科技产业，（7）：37-39.

吴明隆. 2009. 结构方程模型——AMOS 的操作与应用. 重庆：重庆大学出版社.

吴志军. 2008. 企业自主创新障碍及对策探析. 科技管理研究，（6）：6-7+21.

武萍，周卉. 2012. 构建科技中介服务体系的路径选择——以东北三省为例 // 中国软科学研究会·第七届软科学国际研讨会论文集中国卷（下）. 北京：中国软科学研究会：12.

闫龙飞. 2012. 我国准公共品多元化供给研究. 成都：西南财经大学博士学位论文.

阎俊爱. 2008. 科技中介机构核心竞争力评价研究. 中国工程咨询，（8）：34-37.

杨瑞龙，冯健. 2004. 企业间网络及其效率的经济学分析. 江苏社会科学，（3）：53-58.

姚作为，王国庆. 2005. 制度供给理论述评——经典理论演变与国内研究进展. 财经理论与实践，26（1）：3-8.

喻明. 2001. 英国科技中介服务机构的现状及启示. 中国高校科技，（8）：60-61.

约瑟夫·熊彼特. 1990. 经济发展理论——对于利润、资本、信贷、利息和经济周期的考察. 北京：商务印书馆.

岳长志，李建民. 1993. 科技中介——科技成果进入市场的催化剂. 中国科技论坛，（1）：29-32.

岳鹄，康继军. 2009. 区域创新能力及其制约因素解析——基于1997～2007年省际面板数据检验. 管理学报，6（9）：1182-1187.

张举，胡志强. 2014. 英国科技社团参与决策咨询的功能分析. 科技管理研究，34（2）：27-30.

张卫东. 2011. 区域性科技中介服务网络体系建设研究. 吉林：吉林大学博士学位论文.

张义芳，苏靖. 2002-12-02. 科技中介：创新的桥梁. 科技日报.

张震宇，陈劲. 2008. 开放式创新环境下中小企业创新特征与实践. 科学学研究，（S2）：525-531.

赵琨，隋映辉. 2007. 科技中介与科技产业集聚互动作用的量化分析. 科技管理研究，27（11）：250-254.

钟鸣. 1999. 日本科技中介机构及其法律. 全球科技经济瞭望，（5）：58-59.

钟鸣. 2001. 日本科技中介机构的运营机制. 全球科技经济瞭望，（11）：38-39.

朱阁，马龙，Sunandas，等. 2010. 基于社会认知理论的消费者采用模型与实证研究. 南开管理评论，13（3）：12-21.

朱桂龙，彭有福. 2003. 发达国家构建科技中介服务体系的经验及启示. 科学学与科学技术管理，24（2）：94-98.

Abdulwahab L, Dahalin Z M. 2010.A conceptual model of Unified Theory of Acceptance and Use of Technology（UTAUT）modification with management effectiveness and program effectiveness in context of telecentre. African Scientist，11（4）：267-275.

Abrahamson E, Rosenkopf L. 1997.Social network effects on the extent of innovation diffusion: a computer simulation. Organization Science，8（3）：289-309.

Aguila-Obra, et al. 2007.Value creation and new intermediaries on internet: an exploratory analysis of the news industry and the web content aggregators.International Journal of Information Management，（27）：187-199.

Aldrich H E, von Glinow M A.1992. Business start-ups: the HRM imperative // Birley S, MacMillan I C. International Perspectives on Entrepreneurial Research. New York: North-

Holland: 233-253.

Anderson J E, Schwager P H. 2004.SME adoption of wireless LAN technology: applying the UTAUT model. Proceedings of the 7th annual conference of the southern association for information systems, 7: 39-43.

Andersson M, Karlsson C. 2002. Regional Innovation Systems in Small&medium-sized Regions: The Emerging Digital Economy. Berlin: Springer: 55-81.

Arrow K J. 1962.Economic Welfare and the Allocations of Resources for Inventions, In The Rate and Direction of Inventive Activity. Princeton: Princeton University Press.

Asheim B, Isaksen A.2002.Regional innovation systems: the integration of local "sticky" and global "ubiquitous" knowledge. The Journal of Technology transfer, 27（1）: 77-86.

Asosheha A, Bagherpour S, Yahyapour N. 2008. Extended acceptance models for recommender system adaption, case of retail and banking service in Iran. WSEAS Transactions on Business and Economics, 5（5）: 189-200.

Autio E.1998.Evaluation of RTD in regional systems of innovation. European Planning Studies, （6）: 131- 140.

Bakici T, Almirall E, Wareham J. 2011. Motives for participation in on-line open innovation platforms. Danish Research Unit for Industrial Dynamics（DRUID）Working Paper, 11-14.

Barnes D, Hinton M. 2007.Developing a framework to analyse the roles and relationships of online intermediaries. International Journal of Information Management,（27）: 63-74.

Baron R M, Kenny D A.1986.The moderator-mediator variable distinction in social psychological research: Conceptual, strategic, and statistical considerations.Journal of Personality and Social Psychology. 51: 1173-1182.

Benbasat I, Barki H. 2007.Quo vadis, TAM. Journal of the Association for Information Systems, 8（4）: 211-218.

Bergek A, Jacobsson S, Carlsson B, et al. 2008.Analyzing the functional dynamics of technological innovation systems: A scheme of analysis. Research Policy, 37（3）: 407-429.

Bessant J, Rush H. 1995. Building bridges for innovation: the roleof consultants in technology transfer. Research Policy,（24）: 97-114.

Biglaiser G. 1993. Middlemen as experts. The RAND Journal of Economics, 24（2）: 212-223.

Bollen K A, Stine R. 1990.Direct and indirect effects: Classical and bootstrap estimates of variability. Sociological Methodology, 20（1）: 15-140.

Boon W P C, Moors E H M, Kuhlmann S, et al. 2008.Demand articulation in intermediary organizations: the case of orphan drugs in the Netherlands.Technological Forecasting and Social Change, 75 (5): 644-671.

Borrás S, Edquist C. 2013.The choice of innovation policy instruments. Technological Forecasting and Social Change, 80 (8): 1513-1522.

Braun D.1993. Who governs intermediary agencies? principal-agentrelations in research policy-making. Journal of Public Policy, (13): 135-162.

Breschi S, Malerba F. 1997.Sectoral innovation systems, technological regimes, schumpeterian dynamics and spatial boundaries//Edquist C. Systems of Innovation. London: Pinter: 130-156.

Buchanan J M.1965.An economic theory of clubs.Economica, 32 (125): 1-14.

Burt R. 1992.Structural Holes: The Social Structure of Competition.Cambridge: Harvard University Press: 47.

Callon M. 1994.Is science a public good? Science, Technology and Human Values, (19): 395-424.

Carlsson B, Jacobsson S.1994. Technological systems and economic policy: the diffusion of factory automation in Sweden. Research Policy, 23 (3): 235-248.

Carlsson B, Jacobsson S. 1997.In search of useful public policies—key lessons and issues for policy makers//Technological Systems and Industrial Dynamics. Berlin: Springer: 299-315.

Cash D W.2001. In order to aid in diffusion useful and practical information: agricultural extension and boundary organizations.Science, Technology and Human Values, 26: 431-453.

Chaminade C, Edquist C. 2006.From theory to practice.The use of the systems ofinnovation approach to innovation policy, in Innovation, Science and Institutional Change. A Research Handbook. Oxford: Oxford University Press.

Chang I, Hwang H G, Hung W F, et al. 2007.Physicians' acceptance of pharmacokinetics-based clinical decision support systems. Expert Systems with Applications, 33 (2): 296-303.

Chesbrough H. 2006.Open Business Models: How to Thrive in the New Innovation Landscape. Boston: Harvard Business Press.

Chesbrough H. 2003.Open Innovation: The New Imperative for Creating and Profiting from Technology. Boston: Harvard Business Press.

Chesbrough H, Vanhaverbeke W, West J. 2006.Open Innovation: Researching A New Paradigm. London: Oxford University Press.

Chircu A M, Davis G B, Kauffman R J. 2000.The role of trust and expertise in the adoption of electronic commerce intermediaries. Management Information Systems Research Center Working Paper, 00-07.

Chu K M. 2013.Motives for participation in Internet innovation intermediary platforms. Information Processing and Management, (49): 945-953.

Chumpeter J. 1934.The Theory of Economic Development. Cambridge: Harvard University Press: 65-66.

Cooke P, Porter J.2007. From seekers to squatters: The rise of knowledge entrepreneurship. CESifo Forum, 8 (2): 21-28.

Cosimano T F. 1996.Intermediation. Economica, 63: 131-143.

Czarnitzki D, Spielkamp A. 2003.Business services in Germany: bridges for innovation. The Service Industries Journal, 23 (2): 1-30.

Dalziel M. 2010.Why do innovation intermediaries exist?. DRUID Conference, London, UK. http: //www2. druid. dk/conferences/viewabstract. php.

Davis F D, Bagozzi R P, Warshaw P R. 1989.User acceptance of computer technology: a comparison of two theoretical models. Management Science, 35 (8): 982-1003.

Diener K, Piller F.2010.The Market for Open Innovation: Increasing the Efficiency and Effectiveness of the Innovation Process. Aachen: RWTH Aachen University, TIM Group.

Dishaw M T, Strong D M.1999.Extending the technology acceptance model with task-technology fit constructs.Information & Management, 36 (1): 9-21.

Dodgson M, Gann D, Salter A.2006.The role of technology in the shift towards open innovation: The case of Procter & Gamble.R&D Management, 36 (3): 333-346.

Doloreux D. 2002.What we should know about regional systems of innovation?. Technology in Society, 24 (3): 243-263.

Doner R F, Schneider B R. 2000. Business associations and economic development: Why some associations contribute more than others?. Business and Politics, 2 (3): 261-288.

Doney P M, Cannon J P. 1997.An examination of the nature of trust in buyer-seller relationships. The Journal of Marketing, 61 (2): 35-51.

Edquist C. 1997.Systems of Innovation: Technologies, Institutions and Organizations. London: Psychology Press.

Edwards P J.2006. Electronic medical records and computerized physician order entry: examining factors and methods that foster cliniciant IT acceptance in pediatric hospitals. Georgia Institute of Technology PhD Thesis.

Fornell C, Larcker D F. 1981.Structural equation models with unobservable variables and measurement error: Algebra and statistics. Journal of Marketing Research, 18（3）: 382-388.

Foxon T J, Pearson P J G. 2007.Towards improved policy processes for promoting innovation in renewable electricity technologies in the UK. Energy Policy, 35（3）: 1539-1550.

Fritsch M.2002.Measuring the quality of regional innovation systems: a knowledge production function approach. International Regional Science Review, 25（1）: 86-101.

Gassmann O, Gaso B. 2004.Insourcing creativity with listening posts in decentralized firms. Creativity & Inn Man, 1（13）: 3-14.

Granovetter M. 1973.The strength of weak ties. American Journal of Sociology, 78（6）: 1360-1380.

Griliches Z.1979.Issues in Assessing the Contribution of Research and Development to Productivity Growth.Bell Journal of Economics, 10(1): 92-116.

Griliches Z.1991.Patent statistics as economic indicators: A survey.The Journal of Economic Literature, （28）: 1661-1707.

Grover V. 1968. E-Commerce and the Information Market. Communications of the ACM, 44(4): 79-86.

Guston D H.1996. Principal-agent theory and the structure of sciencepolicy. Science and Public Policy, 23: 229-240.

Harding G. 1968.The tragedy of the commons.Science, 162（13）: 1243-1248.

Hargadon A. 1998. Firms as knowledge brokers: lessons in pursuing continuous innovation. California Management Review, 40: 209-227.

Hargadon A, Sutton R I.1997. Technology brokering and innovationin a product development firm. Administrative Science Quarterly, 42: 718-749.

Hayes A F. 2009.Beyond Baron and Kenny: Statistical mediation analysis in the new millennium. Communication Monographs, 76（4）: 408-420.

Hoppe C H, Ozdenoren E.2002.Intermediation in Innovation. Discussion Paper FS IV 02-11, Wissenschaftszentrum Berlin.

Hoppe H C, Ozdenoren E. 2005.Intermediation in innovation. International Journal of Industrial Organization, 23（5）: 483-503.

Howells J. 1999. Regional systems of innovation // Archibugi D, Howells J, Michie J. Innovation Policy in a Global Economy. Cambridge: Cambridge University Press: 67-93.

Howells J. 1999. Research and technology outsourcing and innovation systems: an exploratory analysis. Industry and Innovation, 6: 111-129.

Howells J. 2006.Intermediation and the role of intermediaries in innovation. Research Policy, 35(5): 715-728.

Hoyle R H, Panter A T. 1995.Writing about structural Equati on models // Hoyle R H. Structural Equation Modeling: Concepts, Issues, and Applications.Thousand Oaks: Sage: 158-176.

Inkinena T, Suorsab K. 2010.Intermediaries in regional innovation systems: high-technology enterprise survey from Northern Finland. European Planning Studies, 18(2): 169-187.

Jacobsson S, Johnson A. 2000.The diffusion of renewable energy technology: an analytical framework and key issues for research.Energy policy, 28(9): 625-640.

Jaffe A B. 1989.Real effects of academic research. American Economic Review, (79): 957-970.

Johnson B, Gregersen B. 1995. Systems of innovation and economic integration. Journal of Industry Studies, 2(2): 1-18.

Kenny D A. 2006.Series editor's note // Brown T A. Confirmatory Factor Analysis for Applied Research.New York: Guilford: ix-x.

Kline R B. 2005.Principles and Practice of Structural Equation Modeling(2nd ed.). New York: Guilford.

Kline S J, Rosenberg N. 1986.An overview of innovation. The Positive Sum Strategy: Harnessing Technology for Economic Growth, 275: 305.

Kodama T. 2008.The role of intermediation and absorptive capacity in facilitating university-industry linkages: An empirical study of TAMA in Japan.Research Policy, (37): 1224-1240.

Koenker R. Bassett G W. 1978.Regression Quantiles. Econometrica, (46): 33-50.

Lee S, Park G, Yoon B, et al. 2010.Open innovation in SMEs—an intermediated network model. Research Policy, 39(2): 290-300.

Liu C, Forsythe S. 2011.Examining drivers of online purchase intensity: moderating role of adoption duration in sustaining post-adoption online shopping. Journal of Retailing and Consumer Services, 18(1): 101-109.

Lopez-Vega H. 2009.How demand-driven technological systems of innovation work? The role of intermediary organizations. Presented at the DRUID-DIME Academy Winter 2009 PhD Conference on Economics and Management of Innovation, Technology and Organizational Change, Hotel Comwell Rebild Bakker, Aalborg, Denmark.

Lundvall B A. 1992.National Systems of Innovation: An analytical Framework. London: Pinter.

Lynn L H, Reddy N M, Aram J D.1996. Linking technology andinstitutions: the innovation community framework. Research Policy, 25: 91-106.

Madrid-Guijarro A, Garcia D, Auken H V. 2009.Barriers to innovation among Spanish manufacturing SMEs. Journalof Small Business Management, 47（4）: 465-488.

Makinnon D P, Fairchild A J. 2009.Current directions in mediation analysis .Current Directions in Psychological Science, 18（1）: 16-20.

Makinnon D P, Fritz M S, Williams J, et al. 2007.Distribution of the product confidence limits for the indirect effect: Program prodclin . Behavior Research Methods, 39（3）: 384-389.

Makinnon D P, Krull J L, Lockwood C M. 2000.Equivalence of the mediation, confounding and suppression effect .Prevention Science, 1（4）: 173-181.

Makinnon D P, Lockwood C M, Hoffman J M, et al. 2002.A comparison of methods to test mediation and other intervening variable effects .Psychological Methods, 7（1）: 83-104.

Makinnon D P, Lockwood C M, Williams J. 2004.Confidence limits for the indirect effect: Distribution of the product and resampling methods .Multivariate Behavioral Research, 39（1）: 99-128.

Malerba F. 2002.Sectoral systems of innovation and production. Research policy, 31（2）: 247-264.

Malhotra Y, Galletta D F.1999.Extending the Technology Acceptance Model to Account for Social Influence: Theoretical Bases and Empirical Validation. IEEE: 14.

Mantel S J, Rosegger G.1987.The role of third-parties in thediffusion of innovations: a survey. // Rothwell R, Bessant J. Innovation: Adaptation and Growth. Amsterdam: Elsevier: 123-134.

Mayer R C, Davis J H, Schoorman F D. 1995.An integrative model of organizational trust. Academy of Management Review, 20（3）: 709-734.

McEvily B, Zaheer A. 1999. Bridging ties: a source of firm heterogeneity in competitive capabilities. Strategic Management Journal, 20: 1133-1156.

Miles I, Kastrinos N, Flanagan K, et al. 1995.Knowledge-intensive business services. Luxembourg: EIMS publication.

Millar C J M, Choi C J. 2003. Advertising and knowledge intermediaries: managing the ethical challenges of intangibles. Journal of Business Ethics, 48: 267-277.

Munkongsujarit S. 2013.The Impact of Social Capital on Innovation Intermediaries. Portland: Portland State University.

Mytelka L K, Smith K. 2002.Policy learning and innovation theory: an interactive and coevolving process. Research Policy, 31（8）: 1467-1479.

Nambisan S, Sawhney M. 2007.A buyer's guide to the innovation bazaar. Harvard Business Review, 85（6）: 109-118.

Nassuora A B. 2012.Students acceptance of mobile learning for higher education in Saudi Arabia. American Academic & Scholarly Research Journal, 4（2）: 24-30.

Negro S O, Alkemade F, Hekkert M P. 2012.Why does renewable energy diffuse so slowly? A review of innovation system problems. Renewable and Sustainable Energy Reviews, 16（6）: 3836-3846.

Nelson R R. 1993.National innovation systems: a comparative analysis. University of Illinois at Urbana-Champaign's Academy for Entrepreneurial Leadership Historical Research Reference in Entrepreneurship.

Nilsson M, Moodysson J. 2011.Policy coordination in systems of innovation: A structural-functional analysis of regional industry support in Sweden. Lund University, Circle-Center for Innovation, Research and Competences in the Learning Economy.

Nilsson M, Sia-Ljungström C. 2013.The Role of Innovation Intermediaries in Innovation Systems // 2013 International European Forum, February 18-22, Innsbruck-Igls, Austria. International European Forum on Innovation and System Dynamics in Food Networks, 164741.

Nysveen H, Pedersen P E, Thorbjørnsen H. 2005.Intentions to use mobile services: antecedents and cross-service comparisons. Journal of the Academy of Marketing Science, 2005, 33（3）: 330-346.

OECD. 1996.The Knowledge-based Economy.Paris.

Ohnson B, Gregersen B. 1995.Systems of innovation and economic integration. Journal of Industry Studies, 2（2）: 1-18.

Ostrom E. 2000.Reformulating the commons. Swiss Political Science Review, 6（1）: 29-52.

Paul A P. 2003.Consumer Acceptance of electronic commerce: integrating trust and risk with the technology acceptance model.International Journal of Electronic Commerce, 7（3）: 101-134.

Pavitt K. 2005. Innovation Processes//Fagerberg J, Mowery D C, Elson R R. The Oxford Handbook of Innovation. Oxford: Oxford University Press: 86-114.

Pilorget L.1993. Innovation consultancy services in the Europeancommunity. International Journal of Technology Management, 8: 687-696.

Powell W W, Grodal S. 2005.Networks of innovators. The Oxford handbook of innovation,

56-85.

Powell W W, Grodal S. 2006. Networks of innovators//Fagerberg J, Mowery D C, Nelson R R. The Oxford handbook of innovation. Oxford: Oxford University Press: 56-85.

Provan K G, Human S E.1999. Organizational learning and therole of the network broker in small-firm manufacturing networks // Grandori A. Interfirm Networks: Organizationand Industrial Competitiveness. London: Routledge: 185-207.

Ramsey R P, Sohi R S. 1997.Listening to your customers: the impact of perceived salesperson listening behavior on relationship outcomes. Journal of the Academy of marketing Science, 25(2): 127-137.

Rogers E M. 2010.Diffusion of innovations. New York: Simon and Schuster.

Rothschild M, Stiglitz J. 1976. Equilibrium in Competitive Insurance Markets: An Essay on the Economics of Imperfect Information. The Quarterly Journal of Economics, 90(4): 629-649.

Rubinstein A, Wolinsky A. 1987.Middlemen. The Quarterly Journal of Economics, 102(3): 581-593.

Samuelson P A. 1954.The pure theory of public expenditure. The Review of Economics and Statistics, 36(4): 387-389.

Sawhney M, Prandelli E, Verona G. 2003.The power of innomediation. MIT Sloan Management Review, 44(2): 77-82.

Seaton R A F, Cordey-Hayes M.1993.The development and application of interactive models of industrial technology transfer. Technovation, 13: 45-53.

Senge P M. 1992.The Fifth Discipline the Art & Practice if the Learning Organization. Century New York: Bantam Doubleday Dell Publishing Group.

Shohert S, Prevezer M. 1996. UK biotechnology: institutional linkages, technology transfer and the role of intermediaries. R&D Management, 26: 283-298.

Smedlund A. 2006.The roles of intermediaries in a regional knowledge system. Journal of Intellectual Capital, 7(2): 204-220.

Smith K.2010. Innovation as a systemic phenomenon: rethinking the role of policy. Enterprise and Innovation Management Studies, 1(1): 73-102.

Smith K H. 2005.Measuring Innovation. Oxford: Oxford University Press.

Sobel M E. 1982.Asymptotic confidence intervals for indirect effects in structural equation models. Sociological Methodology, (13): 290-312.

Sobel M E. 1986.Some new results on indirect effects and their standard errors in covariance structure models. Sociological Methodology, (16): 159-186.

Sousa M. 2008.Open innovation models and the role of knowledge brokers. Inside Knowledge, 11 (6): 18-22.

Spence A M. 1974.Market Signaling: Informational Transfer in Hiring and Related Screening Processes. Cambridge: Harvard Univerity Press.

Stone C A, Sobel M E. 1990.The robustness of estimates of total indirect effects in covariance structure models estimated by maximum .Psychometrika, 55 (2): 337-352.

Thompson R L, Higgins C A, Howell J M. 1991.Personal computing: toward a conceptual model of utilization. MIS Quarterly, 15 (1): 125-143.

Tödtling F, Trippl M. 2005.One size fits all? Towards a differentiated regional innovation policy approach. Research Policy, 34 (8): 1203-1219.

Tofighi D, Makinnon D P. 2011. RMediation: an R package for mediation analysis confidence intervals. Behavior Research Methods, 43 (3): 692-700.

Tschirky J P, Escher D, Belz C. 2000.Technology marketing: a new core competence of technology-intensive enterprises. International Journal of technology Management, (20): 459-474.

Turpin T, Garrett-Jones S, Rankin N.1996. Bricoleurs and boundary riders: managing basic research and innovation knowledgenetworks. R&D Management, 26: 267-282.

Ulrich D, Jordi J.2006. R&D and productivity: estimating production functions when productivity is endogenous.Working Paper, Department of Economics, Harvard University.

van Lente H, Hekkert M, Smits R, et al. 2003 .Roles of systemic intermediaries in transition processes.International Journal of Innovation Management, 7 (3): 247.

van Mierlo B, Leeuwis C, Smits R, et al. 2010. Learning towards system innovation: evaluating a system instrument. Technological Forecasting and Social Change, 77 (2): 318-334.

Venkatesh V, Morris M G, Davis G B, et al. 2003.User acceptance of information technology: Toward a unified view. MIS Quarterly, 27 (3): 425-478.

Verona G, Prandelli E, Sawhney M.2006 .Innovation and virtual environments: towards virtual knowledge brokers, Organization Studies, 27 (6): 765-788.

Watkins D, Horley G. 1986. Transferring technology from large to small firms: the role of intermediaries // Webb T, Quince T, Watkins D. Small Business Research. Gower: Aldershot: 215-251.

Weber M, Rohracher H. 2012.A systems approach to transition dynamics: providing a foundation for legitimizing goal-oriented policy strategies. Research Policy, 41: 1037-1047.

Weick K. 1979.The Social Psychology of Organizing. MA: Addison-Wesley.

Williamson O E. 1975.Markets and Hierarchies: Analysis and Antitrust Implications. New York: Free Press.

Winch G M, Courtney R. 2007.The organization of innovation brokers: an international review. Technology Analysis & Strategic Management, 19 (6): 747-763.

Wolpert J D.2002. Breaking out of the innovation box. Harvard Business Review, 80 (8): 76-83, 148.

Woolthuis R, Lankhuizen M, Gilsing V. 2005 .A system failure framework for innovation policy design.Technovation, 25 (6): 609-619.

Youtie J, Shapira P. 2008.Building an innovation hub: A case study of the transformation of university roles in regional technological and economic development. Research Policy, 37 (8): 1188-1204.

Zenvickers G, North D. 2000. Regional technology institutions: some insights from the English regions. European Planning Studies, (3): 301-315.